3 MINUTES POUR COMPRENDRE
LES GRANDES THÉORIES D' EINSTEIN

3 MINUTES POUR COMPRENDRE LES GRANDES THÉORIES D' EINSTEIN

ÉDITIONS FRANCE LOISIRS

Titre original de cet ouvrage :
3-Minute Einstein

Direction de création : Peter Bridgewater
Édition : Jason Hook et Jamie Pumfrey
Direction de publication : Caroline Earle
Direction artistique : Michael Whitehead
Design et maquette : Glyn Bridgewater
Traduction de l'anglais : Daniel Lauzon
Montage : Geneviève Dussault

Édition du Club France Loisirs, Paris
Avec l'autorisation des Éditions du Courrier du Livre

Éditions France Loisirs,
123, boulevard de Grenelle, Paris
www.franceloisirs.com

ISBN : 978-2-298-07045-3
N° éditeur : 72088
Dépôt légal : juillet 2013

Imprimé en Chine

Sommaire

Chapitre 2 : Ses théories **64**

Chapitre 3 : Son influence **110**

Préface

Tout le monde connaît Albert Einstein, mais peu de gens ont une idée précise de ce que signifient réellement ses théories. Paul Parsons, lui, comprend vraiment Einstein, et dans ce petit livre fort ingénieux, il parvient à le rendre accessible à tous, même à ceux et celles qui, à l'école, n'avaient pas « la bosse des maths ». En découpant l'histoire en de petites portions assimilables une à une, au lieu d'obliger le lecteur à parcourir des dizaines de pages avant de pouvoir en extraire la substantifique moelle, l'auteur nous permet de comprendre facilement les faits, sans jamais faire entorse à la science.

La place d'honneur revient évidemment aux deux théories de la relativité (le lecteur sera peut-être surpris d'apprendre qu'il y en a effectivement deux, et non une seule), et l'on verra de quelle manière le temps rétrécit ou s'allonge en fonction du mouvement et comment la force gravitationnelle déforme l'espace. Mais les aspects plus méconnus de la science d'Einstein ne sont pas négligés pour autant. Ainsi, on apprendra que l'illustre scientifique a contribué à l'invention du laser, qu'il a fait breveter un réfrigérateur tout à fait unique ; on verra comment il a prouvé l'existence des atomes et passé la seconde moitié de sa vie en quête d'une « théorie du Tout » – recherche prématurée qui le plaçait un demi-siècle en avance sur son temps.

Mais les réalisations d'Einstein ont ceci d'extraordinaire qu'elles ont vu le jour malgré une vie personnelle souvent chaotique. Encore étudiant, il fut le père d'une enfant illégitime. Son premier mariage se termina par un divorce, et même une fois remarié, il eut de nombreuses liaisons. Ce que beaucoup considèrent comme sa plus grande réalisation, la relativité générale (c'est-à-dire, entre autres, la théorie des trous noirs et de l'Univers), vit le jour à Berlin durant la Première Guerre mondiale : les denrées étaient rares et Einstein fut gravement malade pendant quelque temps. Et au moment où il aurait dû jouir d'une retraite confortable en tant que scientifique le plus vénérable de toute l'Allemagne, l'ascension des nazis l'obligea à s'exiler aux États-Unis où, ironie du sort, on le soupçonna pour un temps d'être communiste.

Il y a ici suffisamment de matière pour remplir plusieurs volumes, et j'ai lu la plupart de ceux qui existent. Mais personne à ma connaissance, hormis Parsons, n'a raconté l'histoire d'Einstein de façon à la fois aussi concise et précise. Cette approche vous permet d'entamer votre lecture là où bon vous semble et de trouver une perle d'information sur la vie ou l'œuvre d'Einstein : chaque page possède un contenu distinctif et indépendant. Même si vous croyez déjà tout savoir sur Einstein et son œuvre, vous trouverez ici de quoi satisfaire votre curiosité ; et si vous ne connaissez rien de lui et de son époque, il n'existe pas meilleure introduction.

JOHN GRIBBIN
Chercheur invité en astronomie
Université du Sussex, R.-U.

Comment utiliser ce livre

Ce livre raconte l'histoire d'Albert Einstein en trois parties. Le premier chapitre traite de sa vie : sa naissance dans le sud de l'Allemagne à la fin du XIXe siècle, sa vie de jeune garçon d'origine juive, ses études en Suisse, son retour en Allemagne comme professeur de physique, et enfin son exil aux États-Unis à la suite de l'arrivée au pouvoir d'Hitler. Le deuxième chapitre s'intéresse aux deux théories d'Einstein, devenues les pierres angulaires de la physique du XXe siècle. Mais on trouvera aussi quantité d'informations sur ses autres contributions à la science, moins connues de nos jours : sa prédiction de la nature particulaire de la lumière, ses recherches sur les propriétés fondamentales de la matière ainsi que son explication du phénomène photoélectrique, à l'origine de l'énergie solaire. Le dernier chapitre porte sur l'influence d'Einstein – l'héritage qu'il a laissé d'un point de vue scientifique, technologique, philosophique et politique – et la manière dont il a façonné le monde d'aujourd'hui.

3 minutes pour comprendre les plus grandes théories d'Einstein

Chaque chapitre du livre contient vingt articles à parcourir en trois minutes. Par exemple, dans le chapitre consacré aux théories, vous trouverez des articles distincts sur la relativité restreinte, les trous noirs, le monde quantique et bien plus encore. Chaque article comporte ensuite trois paragraphes, abordant tour à tour un aspect particulier du sujet traité. Ainsi, l'article sur les trous noirs détaille successivement les « étoiles sombres » (la découverte de ce que l'on appela plus tard les trous noirs), les « horizons et singularités » (la structure des trous noirs et leur fonctionnement) et les « trous de ver » (un type étrange de trous noirs qu'il serait possible de traverser). Il vous faudra environ une minute pour décortiquer chaque paragraphe : la lecture d'un article ne vous prendra donc pas plus de trois minutes. D'où le titre, Einstein en 3 minutes !

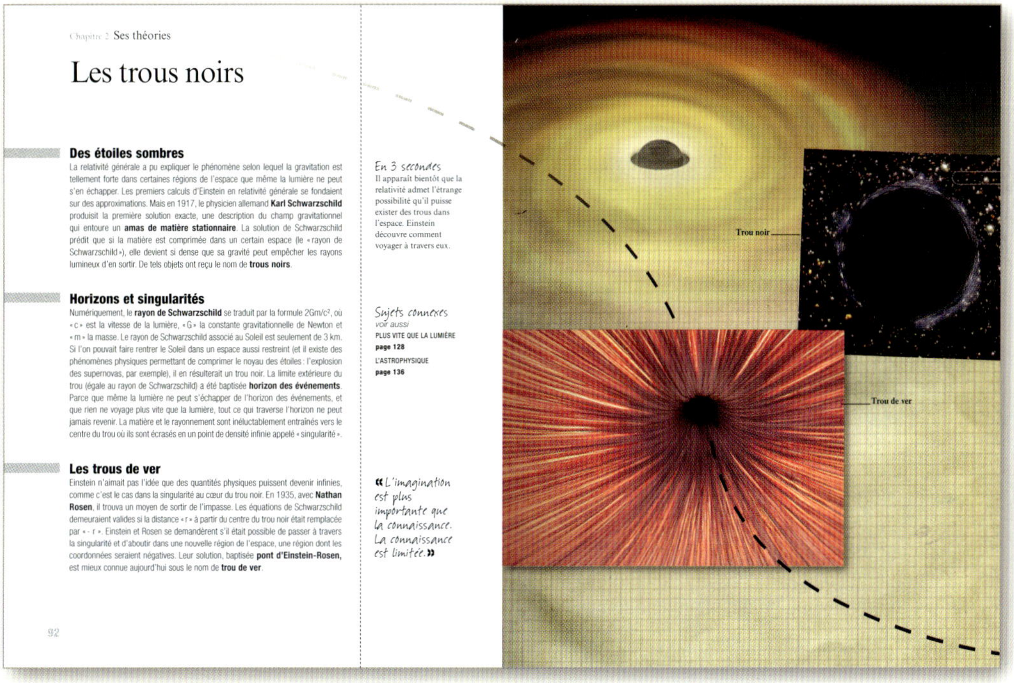

Chapitre 2 Ses théories

Les trous noirs

Des étoiles sombres
La relativité générale a pu expliquer le phénomène selon lequel la gravitation est tellement forte dans certaines régions de l'espace que même la lumière ne peut s'en échapper. Les premiers calculs d'Einstein en relativité générale se fondaient sur des approximations. Mais en 1917, le physicien allemand **Karl Schwarzschild** produisit la première solution exacte, une description du champ gravitationnel qui entoure un **amas de matière stationnaire**. La solution de Schwarzschild prédit que si la matière est comprimée dans un certain espace (le « rayon de Schwarzschild »), elle devient si dense que sa gravité peut empêcher les rayons lumineux d'en sortir. De tels objets ont reçu le nom de **trous noirs**.

Horizons et singularités
Numériquement, le **rayon de Schwarzschild** se traduit par la formule $2Gm/c^2$, où « c » est la vitesse de la lumière, « G » la constante gravitationnelle de Newton et « m » la masse. Le rayon de Schwarzschild associé au Soleil est seulement de 3 km. Si l'on pouvait faire rentrer le Soleil dans un espace aussi restreint (et il existe des phénomènes physiques permettant de comprimer le noyau des étoiles : l'explosion des supernovas, par exemple), il en résulterait un trou noir. La limite extérieure du trou (égale au rayon de Schwarzschild) a été baptisée **horizon des événements**. Parce que même la lumière ne peut s'échapper de l'horizon des événements, et que rien ne voyage plus vite que la lumière, tout ce qui traverse l'horizon ne peut jamais revenir. La matière et le rayonnement sont inéluctablement entraînés vers le centre du trou où ils sont écrasés en un point de densité infinie appelé « singularité ».

Les trous de ver
Einstein n'aimait pas l'idée que des quantités physiques puissent devenir infinies, comme c'est le cas dans la singularité au cœur du trou noir. En 1935, avec **Nathan Rosen**, il trouva un moyen de sortir de l'impasse. Les équations de Schwarzschild demeuraient valides si la distance « r » à partir du centre du trou noir était remplacée par « - r ». Einstein et Rosen se demandèrent s'il était possible de passer à travers la singularité et d'aboutir dans une nouvelle région de l'espace, une région dont les coordonnées seraient négatives. Leur solution, baptisée **pont d'Einstein-Rosen,** est mieux connue aujourd'hui sous le nom de **trou de ver**.

92

En 3 secondes
Il apparaît bientôt que la relativité admet l'étrange possibilité qu'il puisse exister des trous dans l'espace. Einstein découvre comment voyager à travers eux.

Sujets connexes
voir aussi
PLUS VITE QUE LA LUMIÈRE
page 128
L'ASTROPHYSIQUE
page 136

« L'imagination est plus importante que la connaissance. La connaissance est limitée. »

Expert en un rien de temps

Chacun des chapitres étant conçu pour se lire en soixante minutes, vous aurez découvert les grands moments de la carrière d'Albert Einstein en l'espace de trois heures. Les trois parties se terminent en outre par un survol chronologique et un glossaire qui vous permettront de remettre vos idées en ordre. Tout ça ne fera pas de vous un génie comme Einstein, mais en une soirée de lecture, vous saurez tout sur la vie, les réalisations scientifiques et l'héritage impérissable d'un des plus grands génies de l'histoire de l'humanité.

Introduction

Albert Einstein est le génie incontesté de notre ère. Ses traits tombants, son regard vif et ses cheveux en bataille sont devenus la marque de fabrique de celui qui nous a donné la relativité et E=mc², et son nom même est aujourd'hui synonyme de prodigiosité. Mais Einstein était beaucoup plus que cela. Non seulement ses relativités générale et restreinte ont révélé les mystères ésotériques de l'espace et du temps, mais l'apport de ses découvertes est immense, de l'énergie solaire aux ordinateurs, en passant par la communication par fibre optique et le lecteur blu-ray. Nous lui devons tous quelque chose, du moins dans les pays développés. Pourtant, son action n'était pas confinée à la science. Il s'est impliqué en politique, militant pour l'instauration d'un État juif, et est devenu un acteur important du mouvement pacifiste né après les bombardements atomiques de la fin de la Seconde Guerre mondiale, dont il se considérait comme partiellement responsable. Pour beaucoup, ce sont surtout ses qualités humaines qui le rendaient digne d'admiration. Einstein fut un fervent critique de l'autoritarisme, des préjugés et du conformisme, et un champion de la liberté d'expression, de l'individualisme et de la libre-pensée. Mais plus encore, tout au long de sa vie, Einstein a conservé une profonde humilité. Quand on l'interrogeait sur ses grandes réalisations, il avait coutume de répondre: « Je n'ai pas de talents particuliers; je suis juste passionnément curieux. »

Figure emblématique

Les cheveux hirsutes et le faciès particulier d'Einstein firent les délices des caricaturistes. Il dut souvent se faire passer pour un autre afin de ne pas avoir à expliquer ses théories à tous ceux qui le reconnaissaient dans la rue.

Génie en herbe

Einstein naquit en Allemagne, à Ulm, le 14 mars 1879, d'un père ingénieur en génie électrique. Il démontra un talent inné pour les mathématiques et rédigea son premier article scientifique en 1895.

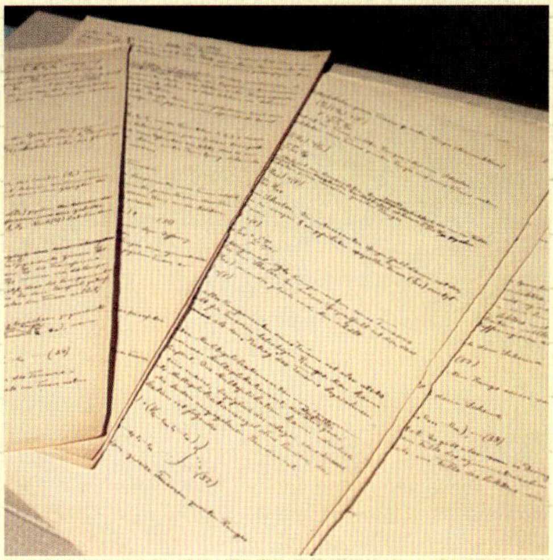

Jeune scientifique

À partir de 1903, Einstein travailla à l'Office des brevets de Berne ; il n'accéda à aucun poste universitaire avant 1908. Il publia cependant des articles scientifiques durant cette période, dont quatre en 1905 qui se révélèrent essentiels au développement de la physique moderne.

Carnets scientifiques

Plusieurs carnets de notes d'Einstein, conservés par sa succession, offrent un fascinant aperçu de son activité intellectuelle lors de l'élaboration de la théorie de la relativité générale.

Mariage et divorce

Einstein s'est marié deux fois. Sa première femme fut Mileva Maric, qu'il épousa en 1903 et avec laquelle il eut deux fils : Hans Albert et Eduard. Einstein et Mileva divorcèrent en 1919 – l'année où Einstein épousa sa seconde femme, Elsa (ci-contre).

Célébrité

Einstein aux côtés de Charlie Chaplin lors de la première du film Les lumières de la ville, *en 1931. Le succès de la relativité fit d'Einstein l'un des rares scientifiques à être connu de tous.*

Récompensé

En 1929, Albert Einstein reçut la médaille Max-Planck, décernée par la Société allemande de physique, des mains de Max Planck lui-même. Il reçut aussi le prix Nobel de physique en 1921 et la prestigieuse médaille Copley de la Royal Society de Londres en 1925.

Inspiration musicale

Einstein, mélomane éclairé et violoniste accompli, se tourna souvent vers la musique pour y puiser l'inspiration, notamment lorsqu'il se trouvait confronté à d'épineux problèmes de physique.

Homme à femmes

La gravité n'était pas la seule force d'attraction présente dans la vie d'Einstein : on lui prêta de multiples liaisons hors mariage. Sur cette photo, prise en 1932, Einstein pose au milieu d'un groupe d'admiratrices.

Réfugié en Angleterre

Quand Hitler accéda au pouvoir en 1933, Einstein, qui était juif, fut forcé de quitter le pays. Il fit étape en Angleterre, sur l'invitation du commandant Oliver Locker-Lampson, qui mit trois gardes du corps armés à sa disposition.

Citoyen américain

Einstein reçut son certificat de citoyenneté américaine des mains du juge Phillip Forman le 1er octobre 1940 – depuis octobre 1933, il était en résidence à Princeton, dans le New Jersey.

Conférencier couru

Einstein s'adressant au Huitième Congrès scientifique américain à Princeton, en mai 1940. L'approche désordonnée de cet homme sinon brillant fit en sorte qu'il n'était pas reconnu pour ses talents de conférencier ; pourtant, il faisait presque toujours salle comble.

Esprit libre

Albert Einstein en voilier à Saranac Lake, dans l'État de New York, en août 1945. La voile était l'une des grandes passions d'Einstein, même si les gardes-côtes durent le secourir au moins une fois.

Pacifiste

À la suite des bombardements atomiques de Hiroshima et Nagasaki en 1945, Einstein contribua à la fondation du Comité d'urgence des scientifiques atomistes (ci-dessus), qui milita pour le contrôle des armes nucléaires.

Militant

Einstein était un partisan du mouvement sioniste et fit campagne pour l'instauration d'un État juif. Après la création de l'État d'Israël, le premier Premier ministre, David Ben Gourion, rendit visite à Einstein en 1951.

Excentrique

Cette grimace spontanée à l'endroit d'un photographe de presse était tout à fait iconoclaste, surtout à cette époque et venant d'un scientifique. Une image devenue emblématique depuis sa diffusion en 1951.

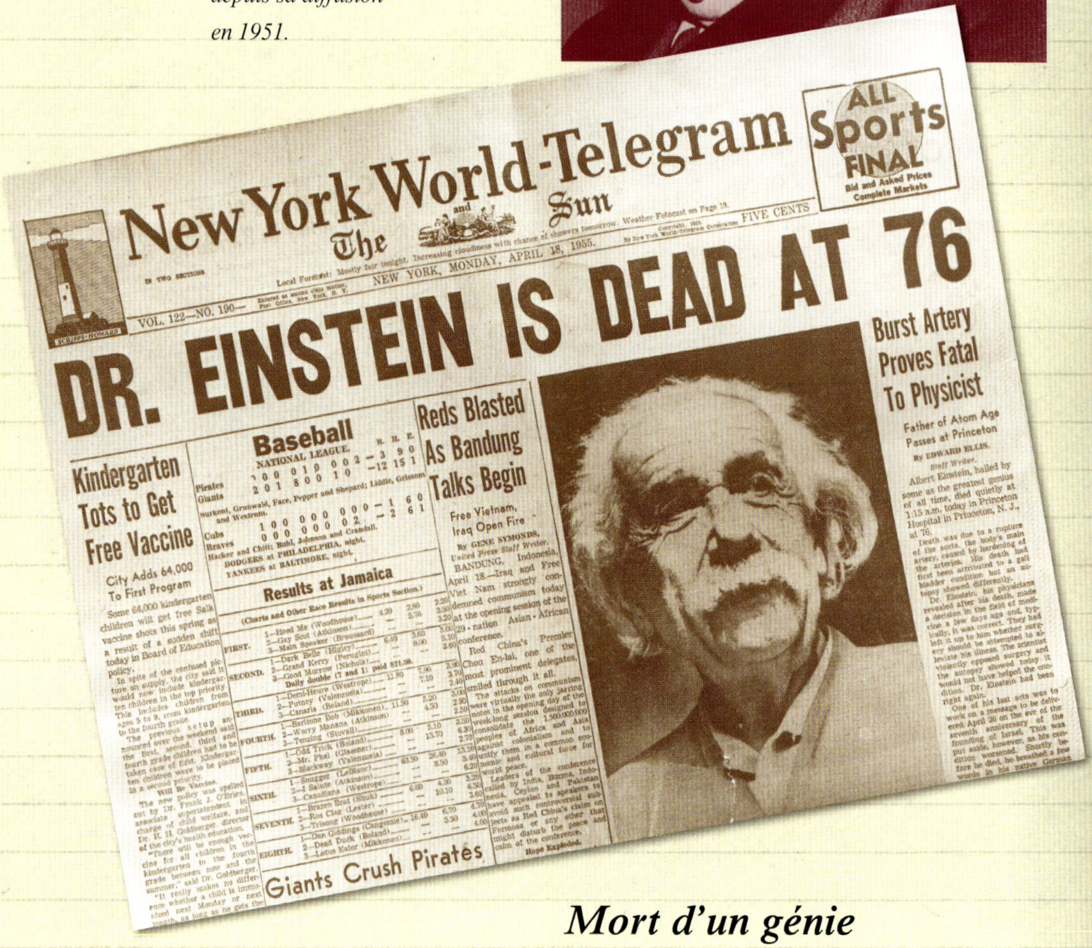

New York World-Telegram and The Sun

ALL Sports FINAL
Bid and Asked Prices
Complete Markets

VOL. 122—NO. 190—
NEW YORK, MONDAY, APRIL 18, 1955.
FIVE CENTS

DR. EINSTEIN IS DEAD AT 76

Burst Artery Proves Fatal To Physicist

Father of Atom Age Passes at Princeton

By EDWARD ELLIS,
Staff Writer.

Albert Einstein, hailed by some as the greatest genius of all time, died quietly at 1:15 a.m. today in Princeton Hospital in Princeton, N. J., at 76.

Death was due to a rupture of the aorta, the body's main artery, caused by hardening of the arteries. His death had first been attributed to a gall bladder condition but an autopsy showed differently.

Dr. Einstein, his physicians revealed after his death, made a decision in the field of medicine a few days ago and, typically, it was correct. They had left it up to him whether surgery should be attempted to alleviate his illness. The scientist violently opposed surgery and the autopsy showed today it would not have helped the condition. Dr. Einstein had been right again.

One of his last acts was to work on a message to be delivered April 26 on the eve of the seventh anniversary of the founding of Israel. This was put aside, however, as his condition worsened. Shortly before he died, he breathed a few words in his native German

Kindergarten Tots to Get Free Vaccine

City Adds 64,000 To First Program

Some 64,000 kindergarten children will get free Salk vaccine shots this spring as a result of a sudden shift today in Board of Education policy.

In spite of the confused picture on supply, the city said it would now include kindergarten children in the top priority. This includes children from ages 5 to 9, from kindergarten to the fourth grade.

The previous setup announced over the weekend said the first, second, third and fourth grade children had to be taken care of first. Kindergarten children were to be placed in a second priority.

Will Be Vaccine.

The new policy was spelled out by Dr. Frank J. O'Brien, associate superintendent in charge of child welfare, and Dr. R. H. Goldberger, director of the city's health education.

"There will be enough vaccine for all children in the kindergarten to the fourth grade between now and the summer," said Dr. Goldberger.

"It really makes no difference whether a child is immunized next Monday or next month, as long as he gets

Baseball

NATIONAL LEAGUE.

Pirates
Giants

Cubs
Braves

DODGERS at PHILADELPHIA, night.
YANKEES at BALTIMORE, night.

Results at Jamaica

(Charts and Other Race Results in Sports Section.)

FIRST.
SECOND.
THIRD.
FOURTH.
FIFTH.
SIXTH.
SEVENTH.
EIGHTH.

Reds Blasted As Bandung Talks Begin

Free Vietnam, Iraq Open Fire

By GENE SYMONDS,
United Press Staff Writer.

BANDUNG, Indonesia, April 18.—Iraq and Free Viet Nam strongly condemned communism today at the opening session of the 29-nation Asian-African conference.

Red China's Premier Chou En-lai, one of the most prominent delegates, smiled through it all.

The attacks on communism were virtually the only jarring notes in the opening day of the week-long session designed to consolidate the 1,300,000,000 peoples of Africa and Asia against colonialism and to unify them in a common economic and cultural force for world peace.

Leaders of the conference called by India, Burma, Indonesia, Ceylon and Pakistan have appealed to speakers to avoid such controversial subjects as Red China's claim on Formosa or any other that might disturb the peace and calm of the conference.

Hope Exploded.

Giants Crush Pirates

Mort d'un génie

Einstein mourut d'une rupture d'anévrisme de l'aorte, le 18 avril 1955. Il travailla jusqu'à la toute fin, sur son lit d'hôpital. Son corps fut incinéré le même jour.

Héritage

Le bureau vacant d'Einstein à l'Institute for Advanced Studies de Princeton, le jour de sa mort. Ses legs à la science, la technologie, la paix mondiale et la politique sont considérables.

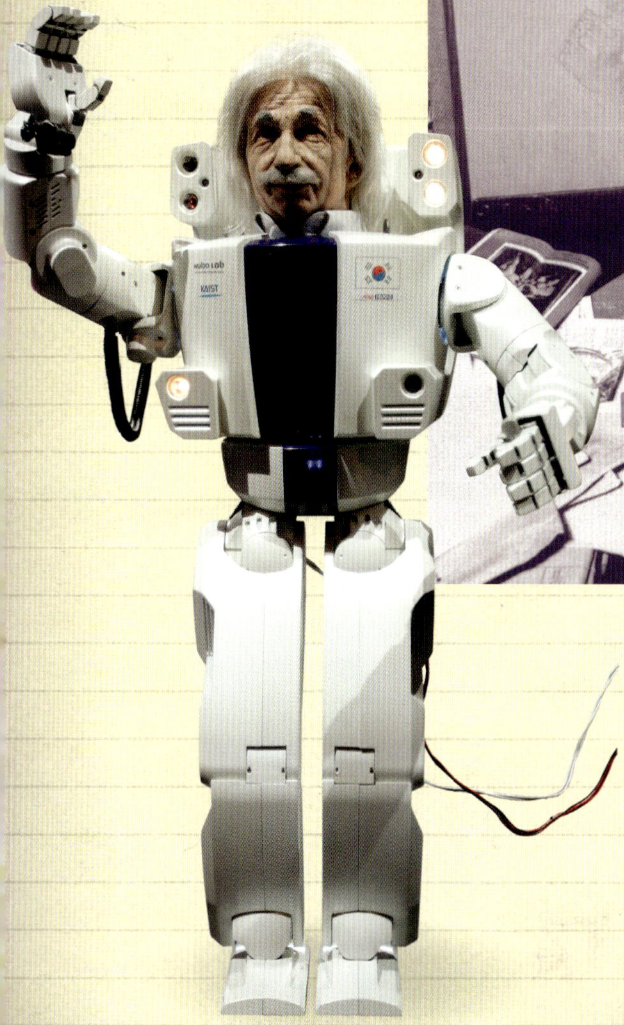

Influence durable

Plus d'un demi-siècle après sa mort, Einstein demeure l'exemple parfait du sympathique génie excentrique. Des chercheurs de l'Institut supérieur coréen des sciences et technologies conçurent un robot humanoïde à son effigie : « Albert Hubo ».

MONACO
1,70
1879-1979
ALBERT EINSTEIN

Chapitre 1

Sa vie

La petite enfance

Sa naissance

Les parents d'Albert Einstein ne pouvaient se douter que le monde serait transformé par leur enfant, lorsqu'il vit le jour à 11 h 30 le **14 mars 1879**, à **Ulm**, une ville historique de la partie sud-ouest du nouveau Reich allemand. Tout d'abord, ils voulurent l'appeler Abraham – du nom de son grand-père – mais, trouvant que ce nom avait une consonance trop juive (car ils étaient eux-mêmes assez peu religieux), ils choisirent plutôt **Albert**.

En 3 secondes

Einstein naît en 1879. La même année, Edison invente l'ampoule électrique.

Ses parents

Le père d'Einstein, **Hermann**, naquit à Buchau, en Allemagne, en 1847. À la naissance d'Albert, Hermann était associé dans un commerce de lits de plumes à Ulm. Sa mère, née en 1858 à Cannstatt, une ville allemande aux environs de Stuttgart, se nommait **Pauline Koch**. Leur mariage fut célébré en 1876 ; Pauline venait tout juste d'avoir 18 ans. En 1880, Hermann délaissa son entreprise de lits de plumes qui se trouvait en difficulté et fonda avec son frère Jakob une manufacture d'appareillage électrique appelée Einstein & Cie, fabriquant, entre autres, des génératrices et des dispositifs d'éclairage. La famille déménagea à **Munich**, où la firme exerçait ses activités. Malheureusement, celle-ci ne rapporta jamais la fortune que Hermann avait espérée. Il mourut en 1902, Pauline en 1920.

Sujets connexes
voir aussi

EN SUISSE
page 26
LES ENFANTS D'EINSTEIN
page 34
L'EXIL EN AMÉRIQUE
page 50

Sa sœur

Hermann et Pauline Einstein n'eurent qu'un seul autre enfant : Maria, ou « **Maja** », comme on la surnommait affectueusement, née deux ans après Albert, en 1881. Lorsqu'on la présenta à son frère pour la première fois, celui-ci aurait demandé : « Où sont les roues ? », croyant qu'il s'agissait d'une sorte de jouet qu'on lui offrait en cadeau. Le frère et la sœur développèrent au fil du temps une grande amitié. Lors de la montée du fascisme en Europe au cours des années 1930, Maja suivit Albert aux **États-Unis**, s'installant tout près de chez lui à Princeton en 1939. Sa santé se détériora à partir de 1946, après un infarctus. Elle mourut de l'artériosclérose – un durcissement des artères – en 1951. Einstein écrivit dans une lettre : « Elle me manque à un point inimaginable. »

« Nous restons toujours des enfants curieux face au grand mystère dont nous sommes issus. »

Hôtel de ville de Munich

Le Maximilianeum de Munich

Einstein enfant, 1882

L'enfance

Peu bavard

Albert Einstein connut dans son enfance un développement assez lent. Il mit beaucoup de temps à parler, ne prononçant ses premiers mots qu'à l'âge de deux ans. Certains le croyaient attardé et la bonne des Einstein le surnommait même « l'abruti ». Et lorsqu'il parla enfin, Albert prit l'étrange habitude de répéter tout bas chaque phrase qu'il venait de prononcer. Ce tic devait plus ou moins l'accompagner tout au long de sa vie. D'aucuns avancèrent que cette difficulté face au langage durant son enfance pouvait expliquer sa tendance à **penser en images**, processus qui conduisit à certaines de ses plus grandes percées scientifiques.

Sur les bancs d'école

Le jeune Einstein fréquentait une école catholique non loin de la demeure familiale. Peu sociable, il préférait fabriquer des objets avec son jeu de construction ou simplement rêvasser, au lieu de jouer avec ses camarades. À l'âge de neuf ans, il entra au secondaire au **Luitpold Gymnasium**, à Munich. Ce jeune élève studieux prit tout de suite goût à la science et aux maths, s'attelant dès l'âge de 15 ans au calcul différentiel et intégral – une méthode qui permet d'étudier les variations de quantité en fonction du temps. C'est à l'école que son fameux **mépris de l'autorité** se manifesta pour la première fois, et Einstein s'aliéna de nombreux professeurs.

Le jeune musicien

Albert fit preuve d'un talent musical certain dès son plus jeune âge. Sa mère – une excellente pianiste – lui fit suivre des **cours de violon** et Einstein devint bientôt un violoniste accompli. Son amour de la musique lui resta toute sa vie. Un jour, alors âgé d'une vingtaine d'années, il aurait fait irruption chez un voisin qu'il avait entendu jouer au piano du **Mozart** – son compositeur préféré –, simplement pour l'accompagner au violon. Il se serait également produit en duo avec l'astronome et présentateur de télévision Sir Patrick Moore ; hélas, aucun enregistrement ne semble avoir été réalisé. La musique n'était pas simplement un passe-temps pour Einstein : il s'agissait d'une source d'**inspiration** qui aidait à sa concentration et à sa créativité.

En 3 secondes

Einstein surmonte ses difficultés d'apprentissage de la parole dans sa petite enfance. Dès son plus jeune âge, c'est un solitaire et un rebelle. Adolescent, il excelle en maths, en sciences et en musique.

Sujets connexes

voir aussi

À L'ÉCOLE POLYTECHNIQUE DE ZURICH
page 28

LA PHILOSOPHIE D'EINSTEIN
page 102

« Le développement intellectuel devrait débuter à la naissance et ne cesser qu'à la mort. »

Mozart
Géométrie mécanique

Un génie en devenir

La boussole d'Einstein

Einstein avait quatre ou cinq ans lorsque son père lui offrit une **boussole** en cadeau. Il devint obnubilé par la façon dont l'aiguille bougeait sous l'action d'une force apparemment invisible : le champ magnétique de la Terre. Cet effet d'« action à distance » des champs – en particulier celui du **champ gravitationnel**, une force exercée par la masse des corps lourds comme les **étoiles** et les planètes – deviendrait un élément central de ses recherches scientifiques ultérieures. Ce chemin le mènera directement à la **théorie de la relativité générale**, sans doute sa plus grande réalisation : elle demeure encore à ce jour la meilleure théorie gravitationnelle connue. C'est aussi ce qui l'incitera à passer la moitié de sa vie en quête d'une théorie des champs unifiés qui réunirait tous les champs observés dans la nature sous une même enseigne.

En 3 secondes

Enfant, Einstein est inspiré par le mouvement de l'aiguille d'une boussole, tandis qu'à 16 ans seulement, une simple course à vélo le met sur la voie de la relativité.

Un lecteur insatiable

Vers la fin de la décennie 1880, l'intérêt du jeune Albert pour la science fut encore attisé par un jeune homme appelé **Max Talmud**. Cet étudiant en médecine tirait le diable par la queue, et chaque semaine, les Einstein l'invitaient à partager leur repas. Ayant remarqué l'intellect florissant d'Albert et sa fascination pour les **rouages de la nature**, Talmud lui donna à lire des **ouvrages scientifiques**. À dix ans, il parcourait avidement les plus grands livres de vulgarisation scientifique de l'époque. Après avoir dévoré la bibliothèque de Talmud, il se tourna vers les mathématiques, la géométrie et la philosophie. Des années plus tard, en 1921, Einstein rencontra de nouveau Talmud – qui avait anglicisé son nom en « Talmey » – lors d'une visite à New York.

Sujets connexes

voir aussi

LES FONDEMENTS DE LA RELATIVITÉ RESTREINTE
page 74

LES FONDEMENTS DE LA RELATIVITÉ GÉNÉRALE
page 80

LA THÉORIE DES CHAMPS UNIFIÉS
page 100

À vélo à la vitesse de la lumière

En 1895, à l'âge de 16 ans, Einstein eut l'une des réflexions les plus importantes de sa vie. Il se demanda ce qu'il verrait s'il circulait à **bicyclette** à côté d'un **rayon de lumière**. En supposant que la lumière se déplace comme tout objet ordinaire, on imagine que, pour Einstein sur son vélo, le rayon paraîtrait immobile, figé dans l'espace. Mais, comme Einstein le découvrit par la suite, la vérité est tout autre. Dix ans plus tard, ce simple embryon d'idée lui permettra d'aboutir à une théorie qui révolutionnera la perception de la lumière, des corps en mouvement rapide, ainsi que de la nature même de l'**espace** et du **temps**.

« À 12 ans, j'étais convaincu que la nature pouvait être comprise comme une structure mathématique relativement simple. »

Le mystère des étoiles a mené Einstein à quelques-unes de ses plus grandes découvertes.

Un autre monde,
de J.-J. Grandville

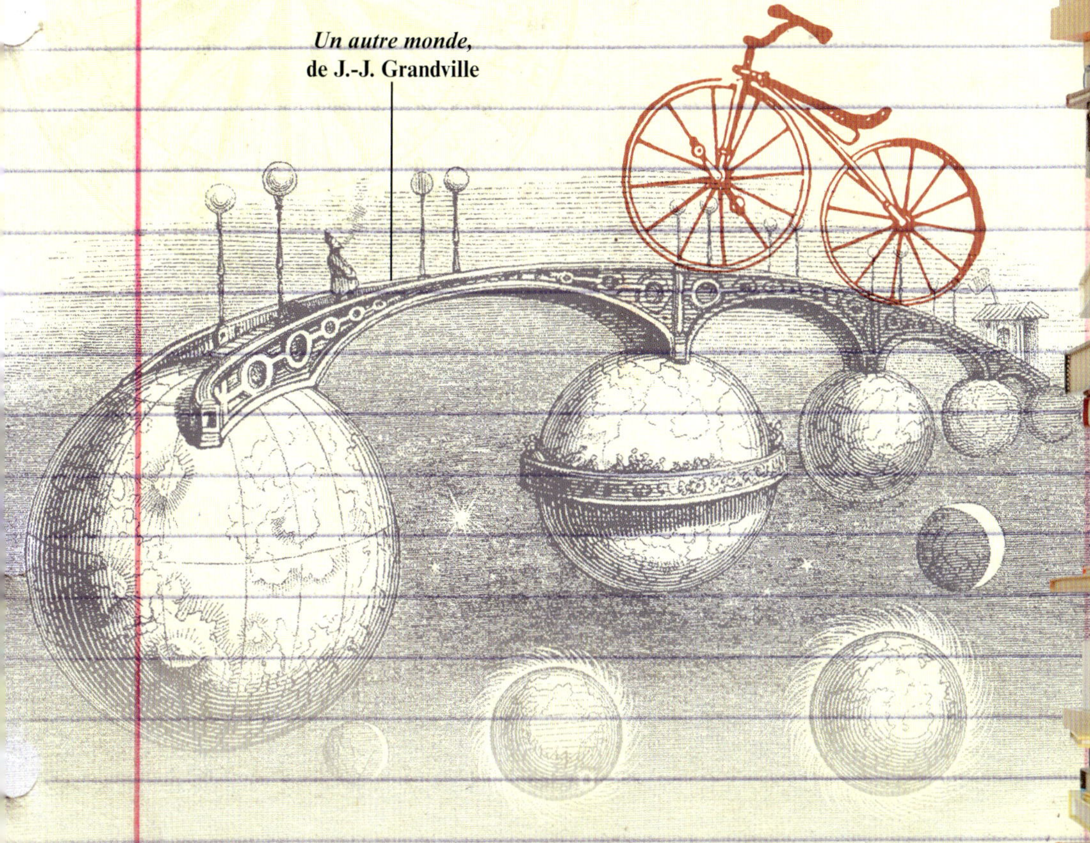

En Suisse

Émigration au sud

À l'automne 1894, les circonstances amenèrent Einstein, alors âgé de 15 ans, et sa famille à s'installer en **Suisse**. L'entreprise de son père avait fait faillite, ce qui l'obligea à déménager en Italie, où il espérait faire de meilleures affaires. Albert, quant à lui, était censé demeurer à Munich afin de terminer ses études au Luitpold Gymnasium ; mais il lui pesait de devoir rester seul dans cette ville. Pour cette raison, et parce que son école désapprouvait son **attitude rebelle**, il décida de partir. Il comptait s'inscrire à l'École polytechnique de Zurich afin d'y étudier les maths et la physique, deux ans avant l'âge requis. Il souhaitait également quitter l'Allemagne avant ses 17 ans pour éviter la conscription. Le jeune Einstein, si réfractaire à l'autorité, redoutait terriblement la perspective de servir un temps dans l'armée.

En 3 secondes

Einstein déménage en Suisse où il découvre une éducation et un milieu social qui lui conviennent, et trouve l'amour. Il n'est pas mécontent non plus d'échapper aux rigueurs du service militaire.

L'école à Aarau

L'ambition d'Einstein d'entrer à l'École polytechnique de Zurich en 1895 fut déçue lorsqu'il échoua à l'examen d'admission. Il passa haut la main la portion scientifique de l'épreuve mais réussit moins bien le test de culture générale qui touchait notamment à la littérature et aux langues étrangères – deux domaines qui ne l'intéressaient guère et qu'il étudiait rarement. Il décida de tenter à nouveau sa chance l'année suivante. Entre-temps, ne voulant pas rentrer en Allemagne, il fréquenta l'école d'**Aarau**, un village suisse situé près de Zurich. L'enseignement y était beaucoup plus libéral que ce qu'il avait connu en Allemagne, encourageant la **libre-pensée** et l'**individualisme** plutôt que le conformisme et l'apprentissage par cœur. Cette approche plut particulièrement à Einstein.

Sujets connexes

voir aussi

À L'ÉCOLE POLYTECHNIQUE DE ZURICH
page 28
LE MILITANTISME
page 54

Les Winteler

À Aarau, Einstein vécut dans la **famille Winteler**. Il trouva un asile intellectuel dans sa nouvelle école, et chez les Winteler, un asile affectif. Le père, Jost, cultiva chez Albert les **valeurs socialistes et progressistes** qu'il défendra plus tard dans sa vie. Au contact de cette famille, Einstein devint plus sociable, passant de nombreuses soirées à bavarder au lieu de rester plongé dans ses livres comme par le passé. L'une de leurs filles, **Marie**, devint le premier amour d'Albert. Maja, la sœur d'Einstein, épousera plus tard le fils des Winteler, Paul.

« La seule chose qui interfère avec mon apprentissage, c'est mon éducation. »

Les Alpes suisses

À l'École polytechnique de Zurich

Première année universitaire

En 1896, Albert Einstein repassa son examen d'entrée à l'**École polytechnique de Zurich**. Avec succès : il obtint une note de 5,5 sur 6. Einstein serait donc formé comme enseignant spécialisé en maths et en physique. Mais son indépendance et son originalité lui attirèrent rapidement des ennuis. Même s'il excellait dans les aspects théoriques de son cursus (l'étude de la thermodynamique ou de la théorie de l'électromagnétisme de **James Clerk Maxwell**), il se présentait rarement à ses cours pratiques. Et quand il le faisait, il contournait souvent les directives et adoptait sa propre méthodologie, au grand dam de son professeur, Jean Pernet. Les improvisations expérimentales d'Einstein causèrent même un jour une **explosion** qui le blessa à la main.

En 3 secondes

Einstein étudia la physique à l'École polytechnique de Zurich. Il s'avéra un physicien de grand talent mais un étudiant rebelle et paresseux.

Fainéant !

Il fallut bien peu de temps pour que les enseignants d'Einstein à Zurich lui adressent les mêmes reproches qu'à Munich. Après son échec à l'examen d'entrée en 1895, Einstein avait été invité par le directeur du département de physique, **Heinrich Weber**, à assister aux cours comme auditeur libre, ce qu'Einstein refusa. Son attitude anticonformiste ne manqua pas d'envenimer encore plus la relation entre les deux hommes. « Vous êtes un garçon très intelligent, Einstein, déclara Weber. Mais vous avez un grave défaut : vous refusez qu'on vous apprenne quoi que ce soit. » Son professeur de maths, **Hermann Minkowski**, le traita même de **« fainéant »**. Minkowski ravala plus tard ses propos, devenant un grand admirateur de la théorie de la relativité, à laquelle il contribua.

Sujets connexes

voir aussi
L'ÉLECTROMAGNÉTISME
page 72
LES FONDEMENTS DE LA RELATIVITÉ RESTREINTE
page 74

Fin d'études

Einstein obtint son diplôme à Zurich en 1900, terminant quatrième de sa classe (sur cinq). Son aversion pour la physique expérimentale explique sans doute ce résultat peu reluisant, tout comme son dégoût des thèmes qui ne l'intéressaient pas. La note finale s'appuyait en partie sur un travail de recherche. Einstein avait voulu examiner le mouvement de la Terre à travers l'**éther** – les **ondes lumineuses** étaient censées se propager à travers cette substance, croyait-on autrefois. Mais Weber l'en avait dissuadé. Einstein présenta donc un article sur la chaleur qui, de l'aveu même de son auteur, était dépourvu d'intérêt. Tout bien considéré, il pouvait s'estimer chanceux d'avoir obtenu son diplôme.

« Vive l'impertinence ! C'est mon ange gardien dans ce monde. »

James Clerk Maxwell

École polytechnique de Zurich

Les amours d'Einstein

Mileva Maric

L'étudiante qui termina cinquième de la classe d'Einstein à l'École polytechnique de Zurich était une jeune femme d'origine hongroise, du nom de **Mileva Maric** ; deux ans avant d'obtenir leur diplôme, ils étaient déjà amants. Mileva, de quatre ans l'aînée d'Albert, partageait sa **passion pour la science** et possédait un charme mystérieux qu'il trouvait irrésistible. Ils se marièrent à Berne en 1903 et eurent trois enfants. Avec les années, toutefois, il devint difficile pour Mileva de partager sa vie avec ce physicien de génie, obsédé par son travail… et par les autres femmes. Ils se séparèrent en 1914 et divorcèrent en 1919. Mileva Maric mourut en 1948.

En 3 secondes
Einstein se livra à un donjuanisme effréné.

Elsa Lowenthal

La relation d'Einstein avec **Elsa Lowenthal** donna le coup de grâce à son premier mariage. Elsa était la cousine d'Albert de deux manières : leurs mères étaient sœurs et leurs pères cousins germains. S'ils s'étaient côtoyés durant l'enfance, leur **liaison** ne débuta qu'en 1912, au cours d'une visite à Berlin, où elle habitait. Lorsque Einstein se sépara de Mileva Maric, ils emménagèrent ensemble. Contrairement à Mileva, l'intellectuelle mystérieuse, Elsa ne s'intéressait guère à la science et avait des airs de matrone. Elle fut une **figure protectrice** dans la vie d'Einstein qui, épuisé par le travail et les autres tracas de la vie, avait besoin d'une femme forte à ses côtés. Ils se marièrent en 1919.

Sujets connexes
voir aussi
BERNE
page 32
LES ENFANTS D'EINSTEIN
page 34

Un homme à femmes

Einstein eut d'**innombrables liaisons** tout au long de sa vie. Son génie et son apparence originale semblaient exercer un irrésistible **pouvoir d'attraction** sur les femmes. Einstein semblait plus que disposé à jouer le jeu : « La moitié supérieure réfléchit et planifie tandis que la moitié inférieure détermine notre destin », écrivit-il un jour. Parmi ses conquêtes se trouvaient des femmes de tous horizons. Avant d'épouser Elsa, il fit la cour à sa fille Ilse, alors âgée de 20 ans. Mais l'irrépressible Einstein ne s'arrêta pas là, entamant une liaison avec sa secrétaire **Betty Neumann** – ce à quoi Elsa aurait, dit-on, consenti. Si Einstein était d'un naturel charmant et bienveillant, quoiqu'un peu égoïste, son attitude envers les femmes était parfois teintée de machisme – comme la fois où il reprocha à son fils d'avoir choisi une fiancée pas assez jolie à son goût.

« Si un homme est capable de conduire en embrassant une jolie fille, c'est qu'il ne donne pas au baiser toute l'attention qu'il mérite. »

С.С.С.Р.
Москва.
U.S.S.R
VIA AIR MAIL

Berne

L'Office des brevets

Diplômé de l'École polytechnique de Zurich en 1900, Einstein tenta durant deux ans de décrocher un poste universitaire, **en vain**. Son domaine, la physique théorique, était encore une discipline naissante avec peu de débouchés, mais surtout, en raison de son **anticonformisme**, Einstein ne put obtenir aucune référence de ses anciens professeurs à Zurich. En 1902, il capitula et accéda à un poste à l'**Office des brevets suisses** à **Berne** par l'intermédiaire de son ami Marcel Grossman (dont le père connaissait le directeur du bureau). En tant qu'« expert technique de troisième classe », Einstein devait juger des mérites techniques de chaque demande de brevet. Il aimait la diversité de ce travail, et le salaire perçu lui permit d'épouser sa petite amie, Mileva Maric.

En 3 secondes

Ne trouvant pas de travail au sein d'une université, Einstein accepta un poste à l'Office des brevets, à Berne, ce qui lui laissa amplement le temps de se livrer à la recherche, sa véritable vocation.

L'Académie Olympia

À Berne, Einstein et ses amis Maurice Solovine et Conrad Habicht fondèrent un club de discussion scientifique et philosophique. Ils le baptisèrent l'**Académie Olympia**, parodiant ainsi les noms grandiloquents donnés parfois aux sociétés savantes. Parmi les œuvres étudiées par l'Académie figuraient celles du philosophe **David Hume** et du mathématicien **Henri Poincaré**. Bien que le club ait été éphémère (Solovine et Habicht quittèrent Berne deux ans plus tard), ses trois membres demeurèrent amis.

Sujets connexes

voir aussi
L'ÉLECTROMAGNÉTISME
page 72
LA RELATIVITÉ RESTREINTE
page 76
LA MÉCANIQUE STATISTIQUE
page 94

L'année miraculeuse

Entre-temps, Einstein poursuivait ses recherches à ses heures perdues. En 1905, il fut soudain propulsé sur la scène scientifique internationale en publiant quatre articles, tous révolutionnaires. Tout d'abord, il s'appuya sur la théorie quantique, alors une discipline naissante, pour expliquer l'**effet photoélectrique** (la capacité qu'ont certains métaux de générer de l'électricité lorsqu'ils sont exposés à la lumière). Puis, il s'intéressa au **mouvement brownien**, le déplacement apparemment aléatoire des particules en suspension dans l'air : Einstein attribua ce mouvement à des collisions avec les atomes, prouvant l'existence – jusque-là controversée – de ces particules. Dans les deux autres articles, il exposa sa théorie de la **relativité restreinte** : le premier réexaminait toute la question des corps en mouvement rapide et le second introduisait la célèbre équation **$E=mc^2$**.

« J'étais capable d'effectuer le travail d'une journée en seulement trois heures. Je consacrais le reste du temps à mes recherches. »

Berne, en Suisse

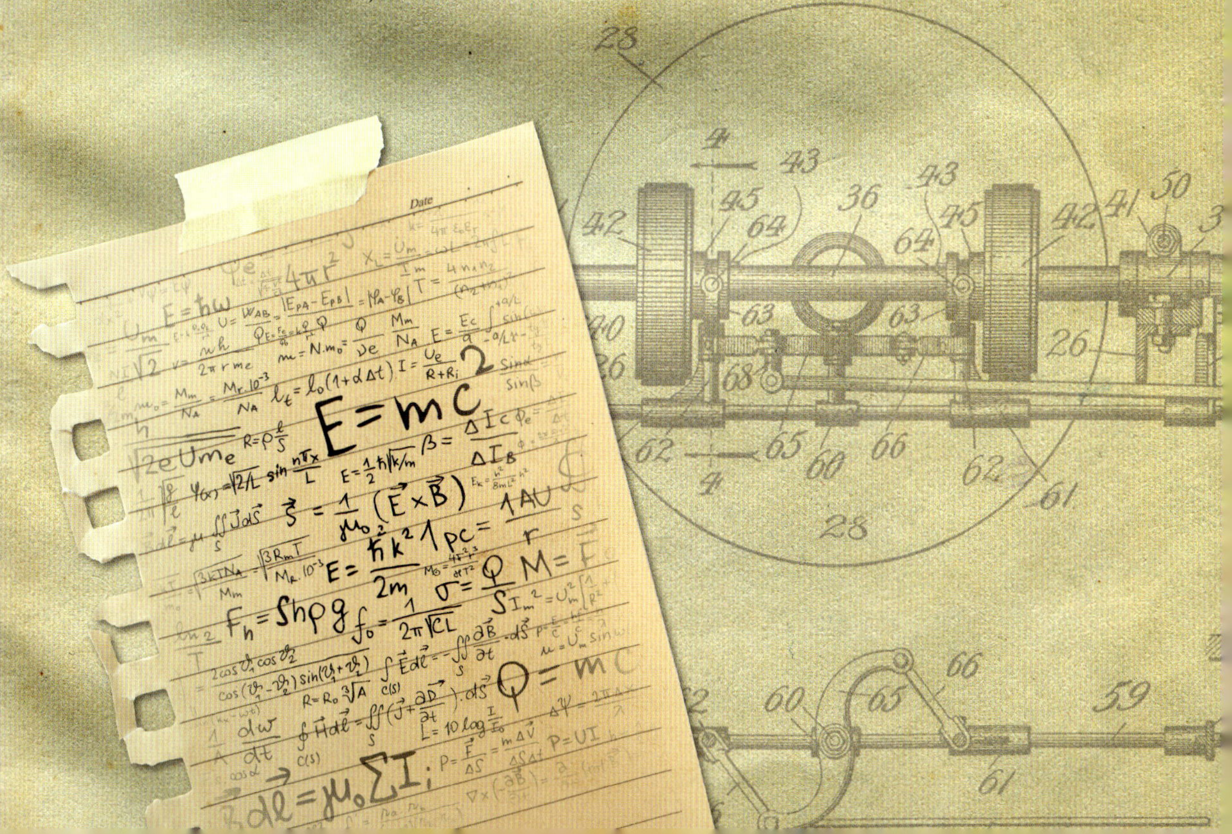

Les enfants d'Einstein

Hans Albert

Hans Albert naquit le 14 mai 1904. Il fut le premier fils d'Einstein et de Mileva Maric. Einstein, aux anges, mit sa créativité technique à profit en créant pour l'enfant des jouets, dont un téléphérique fait de **ficelle** et de **boîtes d'allumettes**. Mais la relation entre le père et le fils fut souvent **tendue**. Lors de la séparation de ses parents, Hans Albert montra du ressentiment à l'égard d'Einstein. Et lorsque, à l'âge de 15 ans, le fils annonça son intention de suivre des études d'ingénieur, Einstein devint furieux : cette profession avait conduit son père et son oncle au bord de la ruine. Hans Albert devint finalement professeur de génie hydraulique à l'Université de Californie, à Berkeley. Il mourut d'une défaillance cardiaque en 1973.

Eduard

Eduard « Tete » Einstein, né en 1910, était le second fils d'Albert et de Mileva. Comme envers Hans Albert, Einstein fut un père attentif durant ses premières années, mais sa relation avec Eduard se détériora au fur et à mesure qu'il grandit, et ils ne se virent qu'en de rares occasions après la séparation d'Einstein avec sa mère. Eduard fit des études de médecine à l'Université de Zurich dans l'intention de devenir **psychiatre**. Mais, par une cruelle ironie du sort, il était atteint de **schizophrénie** et passa une bonne partie de sa vie dans des institutions psychiatriques. Il mourut d'un infarctus en 1965.

Lieserl

Albert Einstein et Mileva Maric eurent ensemble un troisième enfant : une fille nommée **Lieserl**. Elle naquit en 1902, avant Hans Albert et Eduard. À l'époque, Einstein et Mileva n'avaient pas encore les moyens de se marier. Einstein, qui vivait à Berne, s'apprêtait à entrer en poste à l'Office des brevets, et il eût été difficile pour lui de concilier cet enfant illégitime avec sa carrière de fonctionnaire respectable. Ainsi, l'existence de Lieserl fut gardée **secrète**. Elle n'a été révélée qu'en 1986, après la découverte de lettres échangées entre Einstein et Mileva. Ce que Lieserl devint reste un **mystère**. Certains historiens croient qu'elle aurait été donnée à l'adoption ; d'autres suggèrent qu'elle serait morte de la scarlatine (la correspondance entre Mileva et Einstein démontre qu'elle avait contracté cette maladie).

En 3 secondes

Albert Einstein a eu trois enfants : deux fils, Hans Albert et Eduard, et une fille, Lieserl, dont l'existence n'a été découverte que trente ans après la mort du physicien.

Sujets connexes

voir aussi
LES AMOURS D'EINSTEIN
page 30

« Il m'est souvent arrivé d'envisager des possibilités scientifiques pendant que je promenais la poussette ! »

Hans Albert
Eduard
Mileva Maric

L'étoile montante

Professeur Einstein

Même s'il publia **quatre articles révolutionnaires** (dont deux traitant de la relativité restreinte) en 1905, il fallut encore trois ans avant qu'Einstein n'obtienne le poste qu'il convoitait tant. En 1908, il devint maître de conférences à l'**Université de Berne**. Cependant, les heures de cours et le salaire offerts ne lui permettaient pas de démissionner de son emploi à l'Office des brevets. Le poste de maître de conférences constituait un apprentissage pour devenir professeur, mais ses cours étaient mal préparés et ses explications **confuses**. Einstein persévéra néanmoins, et en 1909, son rêve se concrétisa enfin : il devint professeur de physique théorique à l'Université de Zurich.

En 3 secondes

Trois ans après sa publication sur la relativité restreinte, Einstein décroche un poste à l'université. Sa carrière est lancée.

À Prague...

Les départements de physique des autres universités se mirent à convoiter les talents du **professeur Einstein**. À tel point que, en 1910, lui fut proposée une chaire de professeur à la prestigieuse **Université Karl-Ferdinand** de Prague. Il ne manqua pas d'accepter et entra en fonction en 1911. C'est donc à Prague qu'Einstein commença à élargir sa théorie de la relativité restreinte pour aboutir à celle, plus vaste mais aussi beaucoup plus complexe, de la relativité générale : il tentait de prouver le changement de trajectoire de la lumière sous l'action d'un champ gravitationnel. Sa notoriété ne cessait parallèlement de croître. Les universités de toute l'Europe l'invitaient à **donner des conférences**.

Sujets connexes

voir aussi
BERNE
page 32
LES FONDEMENTS DE LA RELATIVITÉ GÉNÉRALE
page 80
LA RELATIVITÉ GÉNÉRALE
page 82

... puis à Berlin

En 1912, Einstein quitta Prague pour réintégrer sa Polytechnique zurichoise, devenue entre-temps l'**École polytechnique fédérale**. Il connut alors une grande percée en se voyant offrir une chaire de professeur à l'**Université de Berlin**, considérée à l'époque comme la plus prestigieuse institution scientifique au monde. De plus, il fut nommé au nouvel Institut Kaiser-Wilhelm pour la physique et admis à l'Académie des sciences de Berlin, devenant à 34 ans son plus jeune membre. Mieux encore, ses responsabilités professorales furent limitées, ce qui lui permit de consacrer le plus clair de son temps à la recherche. Einstein entra en poste en 1914. Un an plus tard, il publiait son œuvre maîtresse sur la **relativité générale**.

« J'ai reçu tant de courrier ! Je rêve que je brûle en enfer et que le diable est un facteur qui hurle et me lance des lettres au visage pour l'éternité. »

Université de Berlin

Université Karl-Ferdinand,
à Prague

Célèbre malgré lui

Un nom bien connu

Après la publication de sa théorie de la relativité générale, et surtout après la vérification expérimentale de ses prédictions sur la déviation de la lumière par l'astrophysicien anglais **Arthur Eddington**, la notoriété d'Albert Einstein dépassa la sphère scientifique pour s'étendre au monde entier. La presse l'adorait : elle trouvait en lui un **génie des sciences** capable de raconter des histoires fascinantes au sujet de l'Univers mais aussi un **rebelle photogénique** et plein d'esprit qui n'était jamais à court de boutades savoureuses. Einstein affirmait que cet intérêt médiatique lui était pénible, mais nombre de ceux qui l'ont côtoyé croyaient que le cabotin en lui goûtait secrètement toute cette attention.

En 3 secondes

Le nom d'Einstein se répand à travers le monde, et les États-Unis succombent à la Einsteinmania. Pendant ce temps, Einstein rend visite au Président et sympathise avec Chaplin.

Einsteinmania

En 1921, plus de 40 ans avant que la Beatlesmania ne s'empare du public américain à l'occasion de la deuxième tournée du groupe aux États-Unis, Albert Einstein entama sa propre **tournée américaine**, et l'accueil fut presque aussi délirant. Arrivé à New York, il se dirigea ensuite vers Washington, Chicago, Princeton, Harvard et Cleveland. À New York, Einstein fut conduit à travers les rues par un cortège de voitures, salué par les coups de klaxon et les acclamations d'un public enthousiaste. À Washington, il rencontra à la Maison-Blanche le **Président Warren G. Harding**. Ses conférences – données en allemand ! – se déroulaient **à guichets fermés**.

Sujets connexes

voir aussi

QUI ÉTAIT ALBERT EINSTEIN ?
page 46

LA CULTURE POPULAIRE
page 144

Le tapis rouge

Après la côte Est et le Midwest en 1921, il parcourut en 1931 la côte Ouest. Il s'arrêta au California Institute for Technology, l'un des meilleurs centres de recherche scientifique du pays, et visita l'observatoire du mont Wilson à la période où des astronomes découvrirent l'expansion de l'Univers. En visite à Hollywood, il fit la connaissance de **Charlie Chaplin**, avec lequel il se lia d'amitié ; les deux hommes partageaient d'ailleurs les mêmes orientations politiques de **gauche**. Einstein et sa seconde épouse Elsa assistèrent à la première des *Lumières de la ville* devant une foule ravie, ce qui suscita cette remarque de Chaplin : « Ils m'acclament parce qu'ils me comprennent tous, et ils vous acclament parce qu'aucun ne vous comprend. » Durant leur visite, Elsa exigea 1 $ par autographe et 5 $ par photo, qu'elle reversa à des œuvres de charité.

« Plus je suis célèbre, plus je deviens stupide, ce qui, bien sûr, est un phénomène courant. »

Einstein et Charlie Chaplin, 1931

Le Président Warren G. Harding

Le prix Nobel

Pour ses contributions à la physique

Einstein reçut le **prix Nobel de physique de 1921** pour ses travaux sur l'effet photoélectrique et «ses contributions à la physique théorique». D'aucuns s'étonnèrent de constater que le plus grand physicien de sa génération avait dû attendre si longtemps avant de recevoir cette récompense. En 1920, Einstein avait été boudé à cause de l'énorme publicité générée par la confirmation de sa théorie de la relativité générale, après quoi il avait été soupçonné de se livrer à de l'**autopromotion**. Fait étonnant, en 1921, le comité Nobel choisit de ne décerner aucun prix plutôt que de reconnaître le mérite d'Einstein. Ce fut seulement l'année suivante qu'on crut bon de lui décerner rétrospectivement le prix de 1921 (tout en remettant celui de 1922 au physicien quantique danois **Niels Bohr**).

En 3 secondes

En 1921, Einstein reçoit enfin le prix Nobel de physique, 16 ans après avoir publié sa théorie de la relativité. Il préféra se rendre au Japon plutôt que de le recevoir en personne.

Pension alimentaire suédoise

Einstein était persuadé qu'il gagnerait un jour le prix Nobel, à tel point que, lorsqu'il négocia les conditions de son divorce avec Mileva en 1918, il offrit de lui remettre tout l'argent qu'il pourrait éventuellement recevoir du comité Nobel. En 1921, cette somme s'élevait à **121 572 couronnes suédoises**, ou 32 250 dollars américains, l'équivalent de près de 400 000 $ aujourd'hui. Reste à savoir s'il tint sa promesse : ce point reste chaudement débattu par les historiens. Certains faits découverts en 2006 laissent croire qu'il aurait plutôt **investi** une bonne partie de cet argent – et qu'il l'aurait par conséquent vu **disparaître** dans les bouleversements économiques de la Grande Dépression.

Sujets connexes

voir aussi

L'ÉLECTROMAGNÉTISME
page 72
LA RELATIVITÉ RESTREINTE
page 76

Le grand paradoxe de la relativité

Le prix Nobel de 1921 fut le seul qu'il reçut. Il s'agit peut-être là de l'une des **plus grandes injustices** de l'histoire de la science, car le comité Nobel ne récompensa jamais sa théorie de la relativité qui, avec la théorie quantique, fut l'un des deux grands piliers de la physique du XXe siècle. Entre 1910 et 1922, Einstein fut maintes fois sélectionné pour sa relativité restreinte de 1905, mais jamais lauréat, parce que sa théorie était trop radicale et que le comité jugeait les preuves en sa faveur trop minces. Les nominations posthumes étant interdites, aucun Nobel ne viendra récompenser ce qui fut la **plus grande réalisation** d'Albert Einstein.

« Pour me punir de mon mépris de l'autorité, le destin a fait en sorte que je devienne moi-même une autorité. »

Timbres commémoratifs
à l'effigie d'Einstein

Médaille du prix Nobel

Autres distinctions

La médaille Copley

Outre le prix Nobel, Einstein fut récipiendaire de bien d'autres récompenses scientifiques. En 1924, il fut lauréat de la médaille Copley de la Royal Society de Londres. Être décoré par une institution anglaise avait une signification toute particulière pour Einstein. En 1920, on lui avait annoncé la remise de la médaille d'or de la Royal Astronomical Society (RAS) – décision qui fut annulée lorsque certains membres, antisémites, s'opposèrent à ce que le prix soit décerné à un juif mi-suisse mi-allemand. Ils allaient toutefois changer d'avis en le lui attribuant en 1926.

En 3 secondes

Après le prix Nobel, les récompenses s'accumulèrent. Les honneurs culminèrent lorsque Einstein fut sacré « personnalité du siècle » par le magazine *Time*.

La médaille Max-Planck

En 1929, Einstein fut le tout premier lauréat de la **médaille Max-Planck** décernée par la Société allemande de physique pour récompenser des travaux exceptionnels en physique théorique. Il la reçut des mains de Planck lui-même, un ami de longue date. Ce fut l'une des nombreuses distinctions (dont pas moins de **cinq doctorats *honoris causa***) auxquelles il eut droit après qu'Eddington eut confirmé la relativité générale et assuré sa **consécration populaire**. Bien qu'Einstein n'ait jamais refusé une ovation, il n'attachait pas beaucoup d'importance à de telles récompenses, comparativement à la satisfaction qu'il retirait de ses propres travaux.

Sujets connexes

voir aussi

LES DÉCOUVERTES ÉPONYMES
page 140
L'HÉRITAGE CULTUREL
page 148

Personnalité du siècle

Le 14 juin 1999, 44 ans après sa mort, Albert Einstein apparut en couverture du magazine *Time*. Pourquoi ? Il arrivait en **tête de liste** des cent personnes les plus influentes du XXe siècle selon la revue, devant Mère Teresa, le Mahatma Gandhi et Bill Gates. Pour le *Time*, le siècle allait « rester, dans les mémoires, celui de la science et de la technologie », dont Einstein est **l'incarnation par excellence**. Celui-ci avait déjà fait la couverture du *Time* à quatre reprises. Le numéro du 18 février 1929 proposait un article sur sa quête de la théorie des champs unifiés. Celui du 4 avril 1938 présentait un reportage sur sa fuite de l'Allemagne nazie et son exil à Princeton. Celui du 1er juillet 1946 s'interrogeait sur l'héritage de la bombe atomique. Enfin, le 19 février 1979, le magazine commémorait le centenaire de la naissance d'Einstein. La liste de **personnalités du siècle** suscita tout de même de vives critiques puisqu'elle incluait Adolf Hitler et le personnage de dessin animé Bart Simpson.

« La valeur d'un accomplissement est dans l'acte d'accomplir. »

Max Planck

בנק ישראל
5
חמש לירות ישראליות
יושב ראש המועצה המייעצת
נגיד הבנק
1968 התשכ"ח

PRINCETON, NJ
MAR 14 1966
Prominent American Series
ALBERT EINSTEIN
MATHEMATICIAN - PHYSICIST
NOBEL PRIZE WINNER
1879 – 1955
8c
Artmaster
First Day of Issue

Un esprit hors du commun

Prouesse intellectuelle

Einstein ne passa jamais de test d'intelligence en bonne et due forme. Mais les scientifiques tentèrent d'estimer son **QI** d'après ce que nous savons de lui. L'échelle du QI consiste à classifier les capacités intellectuelles d'un sujet à l'aide d'un nombre représentant son âge mental, divisé par son âge réel et multiplié par 100. Le QI mesure l'intelligence globale, et bien qu'Einstein ait excellé en maths et en physique, rien n'indique qu'il ait été aussi habile dans d'autres domaines, comme le langage. Néanmoins, le QI d'Einstein fut estimé à **plus de 160**, ce qui le place dans les 0,003 % de la population les plus dotés !

En 3 secondes

Albert Einstein aurait sûrement passé haut la main le test d'admission de Mensa, et sa faculté de concentration lui permettait de travailler même au milieu d'une foule bruyante.

La recette du génie

Einstein ne doit pas ses réalisations stupéfiantes à sa seule puissance intellectuelle. L'alliance de son imagination et de sa créativité facilitait les grandes envolées de son esprit. Par sa **détermination** et sa capacité de travail, Einstein progressait irrésistiblement dès lors qu'il avait une idée en tête. Ainsi, il travailla pratiquement jusqu'à l'épuisement pour accoucher de la relativité générale. Sa **faculté de concentration** légendaire lui permettait en outre de travailler dans n'importe quel environnement. Un jour, lors d'un dîner en son honneur, il était si absorbé par les équations qu'il griffonnait sous la table qu'il ne se rendit pas compte que c'était son tour de prendre la parole et que l'assistance l'ovationnait debout.

Sujets connexes

voir aussi

À L'ÉCOLE POLYTECHNIQUE DE ZURICH
page 28

LA RELATIVITÉ GÉNÉRALE
page 82

Un syndrome d'Asperger ?

En 2003, des scientifiques des universités d'Oxford et de Cambridge présentèrent les résultats d'une étude suggérant chez Einstein une forme d'autisme léger connue sous le nom de **syndrome d'Asperger**. Dans les années 1940, un pédiatre autrichien du nom d'Hans Asperger distingua un ensemble de traits caractéristiques chez certains enfants : des intérêts très précis et très intenses, pour ne pas dire obsessionnels, avec une empathie et des habiletés communicatives réduites. Les chercheurs de 2003 citaient les problèmes relationnels d'Einstein, son **obsession** pour le travail et son habitude, héritée de l'enfance, de répéter les phrases énoncées. Aujourd'hui, il est communément admis que ce syndrome a tendance à se manifester chez les individus particulièrement doués pour les maths, les sciences ou l'informatique.

« Je n'ai pas de talents particuliers. Je suis juste passionnément curieux. »

Qui était Albert Einstein ?

Bonté sélective

Albert Einstein faisait montre d'une grande **gentillesse**. Durant la dernière partie de sa vie, aux États-Unis, il donnait souvent des cours gratuits dans des écoles locales. Il accorda un jour un entretien à un étudiant en journalisme, parce que son professeur lui avait promis la note maximale s'il réussissait à décrocher une entrevue avec le plus grand scientifique du monde. Mais paradoxalement, vis-à-vis de sa famille, la bonté d'Einstein semblait s'essouffler. Einstein protégeait jalousement son **indépendance**. Lorsque celle-ci se trouvait compromise par les besoins émotionnels des siens, il se plongeait dans le travail, passant alors pour un mari insensible et un père **distant**.

En 3 secondes

On l'a qualifié tantôt de rebelle, tantôt d'excentrique, voire d'incarnation de la bonté humaine ; pourtant, le véritable Albert Einstein était bien plus complexe.

L'excentrique

Einstein devint l'archétype du savant distrait et **échevelé**. Un jour de pluie, Einstein ôta son couvre-chef en disant : « Mes cheveux ont souvent résisté à l'eau par le passé, mais je ne sais pas trop ce que mon chapeau peut endurer. » Son sens de l'orientation était inexistant et il se perdait souvent en promenade, allant même une fois jusqu'à téléphoner à une secrétaire de Princeton pour lui demander où se trouvait sa maison. Ce genre d'**étourderie** devenait plus dangereux lorsqu'il s'adonnait à son sport favori, la voile ; les membres de son club nautique durent d'ailleurs venir à son secours plus d'une fois. Comme pour couronner le tout, il ne mettait jamais de chaussettes, même lors de rencontres officielles, et cachait cette absence en portant de longues bottes. Son excentricité lui attira une grande sympathie.

Sujets connexes
voir aussi

LES ENFANTS D'EINSTEIN
page 34

LES PREUVES DE LA RELATIVITÉ
page 88

Un génie culotté

Pour un homme en général humble et accommodant, Einstein pouvait faire preuve d'une **arrogance** et d'une **effronterie** monumentales. En 1901, après avoir lu un article décrivant les propriétés des métaux, il écrivit à son auteur, le professeur Drude de l'Université de Giessen, en Allemagne, pour pointer plusieurs failles dans son argumentation… avant de lui demander un emploi. Quand il reçut la réponse évidemment peu amène de Drude, Einstein jura de l'humilier dans les revues scientifiques. Il traitait par le mépris toute critique de ses théories. À la question d'un journaliste sur la manière dont il aurait réagi si les observations d'Eddington avaient contredit la relativité, Einstein répondit : « Je serais désolé pour le bon Dieu. La théorie est exacte. »

« Les idéaux qui ont éclairé mon chemin et qui m'ont donné le courage d'affronter la vie avec bonne humeur sont la Bonté, la Beauté et la Vérité. »

Conférence
d'Einstein, 1940

La religion

Le judaïsme

Le rapport d'Albert Einstein à la religion, comme à bien d'autres champs de sa vie, était **non conventionnel**. Sa famille, d'ascendance juive, attachait peu d'importance à la foi et aux traditions du **judaïsme** – à tel point qu'ils l'envoyèrent dans une école catholique. L'apprentissage de la **foi chrétienne** fut un réel plaisir pour Albert, tant et si bien qu'il avait coutume d'aider les autres élèves dans leurs travaux. Au niveau secondaire, Einstein reçut ses premiers enseignements de judaïsme. Il s'intéressa beaucoup à cette étude qui l'incitait à observer les coutumes de la religion juive – peut-être une première manifestation de son côté rebelle, une réplique à l'indifférence de ses parents face à la religion.

Un athéisme de transition

L'enthousiasme d'Einstein à l'égard du judaïsme fut bientôt éclipsé par son engouement pour une nouvelle religion : la **science**. À l'école secondaire et durant son temps libre, Einstein se mit à dévorer avec passion les œuvres des grands scientifiques et philosophes. Et ces œuvres issues du **rationalisme** firent naître chez lui le sentiment d'avoir été floué par les Écritures. Même s'il développera une aversion pour le cérémonial de la religion institutionnalisée, il niera plus tard avoir rejeté l'existence de Dieu, ayant découvert une foi nouvelle dans **la beauté et l'ordre de la nature**. D'ailleurs, il dénoncera publiquement l'athéisme des autres comme une forme de sectarisme.

Le Dieu de Spinoza

Plutôt que de souscrire à la notion d'un vieillard barbu juché sur un nuage, distribuant récompenses et châtiments à l'humanité pour ses bonnes ou mauvaises actions, Einstein adopta l'idée d'un Dieu qui se manifeste dans l'**harmonie de la nature**, une notion déjà avancée par le philosophe néerlandais du XVIIe siècle **Baruch Spinoza**. « Je crois au Dieu de Spinoza, qui se révèle dans l'harmonie des lois naturelles, affirma Einstein en 1929, pas en un Dieu qui se préoccupe du sort et des actions des hommes. » Cette philosophie influença même les perspectives scientifiques d'Einstein, qui confia un jour qu'en évaluant les mérites d'une théorie, il se demandait parfois si **Dieu** aurait conçu les choses de cette manière.

En 3 secondes

En plus de sonder les mystères de l'espace et du temps, Einstein s'intéressait aux énigmes de la religion.

Sujets connexes

voir aussi

LE MILITANTISME
page 54

« La science, sans la religion, est boiteuse. La religion, sans la science, est aveugle. »

Baruch Spinoza
F. HADER pinxit 1881 Gesetzlich geschützt
B. de Spinoza
Phot. u. Verl. v. Sophus Williams, Berlin W.

L'exil en Amérique

Émigration

Einstein quitta l'Allemagne en 1932 pour un séjour de trois mois aux États-Unis. Mais en son for intérieur, il savait qu'il ne reviendrait jamais. La montée de l'**antisémitisme** lui rendait la vie de plus en plus difficile, à l'instar de celle des autres juifs allemands. Hitler devint chancelier d'Allemagne en janvier 1933. Peu après, Einstein apprit que les autorités s'étaient introduites dans son appartement berlinois et qu'il se trouvait sur la liste des juifs éminents que Hitler comptait faire assassiner. Plus tard cette année-là, Einstein passa par Zurich une dernière fois, puis **se réfugia** quelque temps en Belgique et en Angleterre avant de demander l'asile permanent aux **États-Unis**.

En 3 secondes

Einstein n'a jamais aimé l'Allemagne. Quand Hitler accéda au pouvoir en 1933, il la quitta pour ne plus jamais y revenir, trouvant asile aux États-Unis.

Princeton

Albert Einstein s'était déjà rendu à **Princeton** lors de sa tournée américaine de 1921. Il était tout de suite tombé amoureux de l'endroit, « **jeune et rafraîchissant**, comme une belle pipe neuve ». Albert et Elsa s'établirent là avant tout parce qu'Einstein avait été contacté par le pédagogue américain Abraham Flexner, qui voulait créer un nouveau centre de recherche à Princeton – l'Institute for Advanced Studies – et cherchait des personnes qualifiées. Après avoir âprement négocié pour que son assistant Walther Mayer (qui, en tant que juif, tentait lui aussi de se réfugier) obtînt également un poste, Einstein trouva un **nouveau cadre de vie et de travail**.

Sujets connexes
voir aussi
L'ÉTOILE MONTANTE
page 36
LA POLITIQUE
page 56

Terre de liberté

La doctrine américaine d'encouragement de la liberté d'expression et de l'individualisme correspondait tout à fait aux **valeurs personnelles** d'Einstein. Pendant plusieurs années, il bénéficia d'un permis de séjour avant de passer formellement l'épreuve requise pour accéder à la citoyenneté américaine le 22 juin 1940. À la suite de sa prestation de serment, le 1er octobre de cette année-là, il devint un **Américain à part entière**. Mais tous les Américains ne l'accueillirent pas à bras ouverts. La Woman Patriot Corporation, un mouvement conservateur, écrivit au département d'État pour l'avertir de la menace pour le mode de vie américain que représentaient les idées et les **théories radicales** d'Einstein. Celui-ci y alla d'une boutade à l'égard de ses détractrices : « La capitale du puissant Empire romain a un jour été sauvée par le caquetage de ses fidèles oies. »

« L'Américain vit encore plus que l'Européen en fonction de ses objectifs, de l'avenir. La vie, pour lui, c'est toujours devenir, jamais être. »

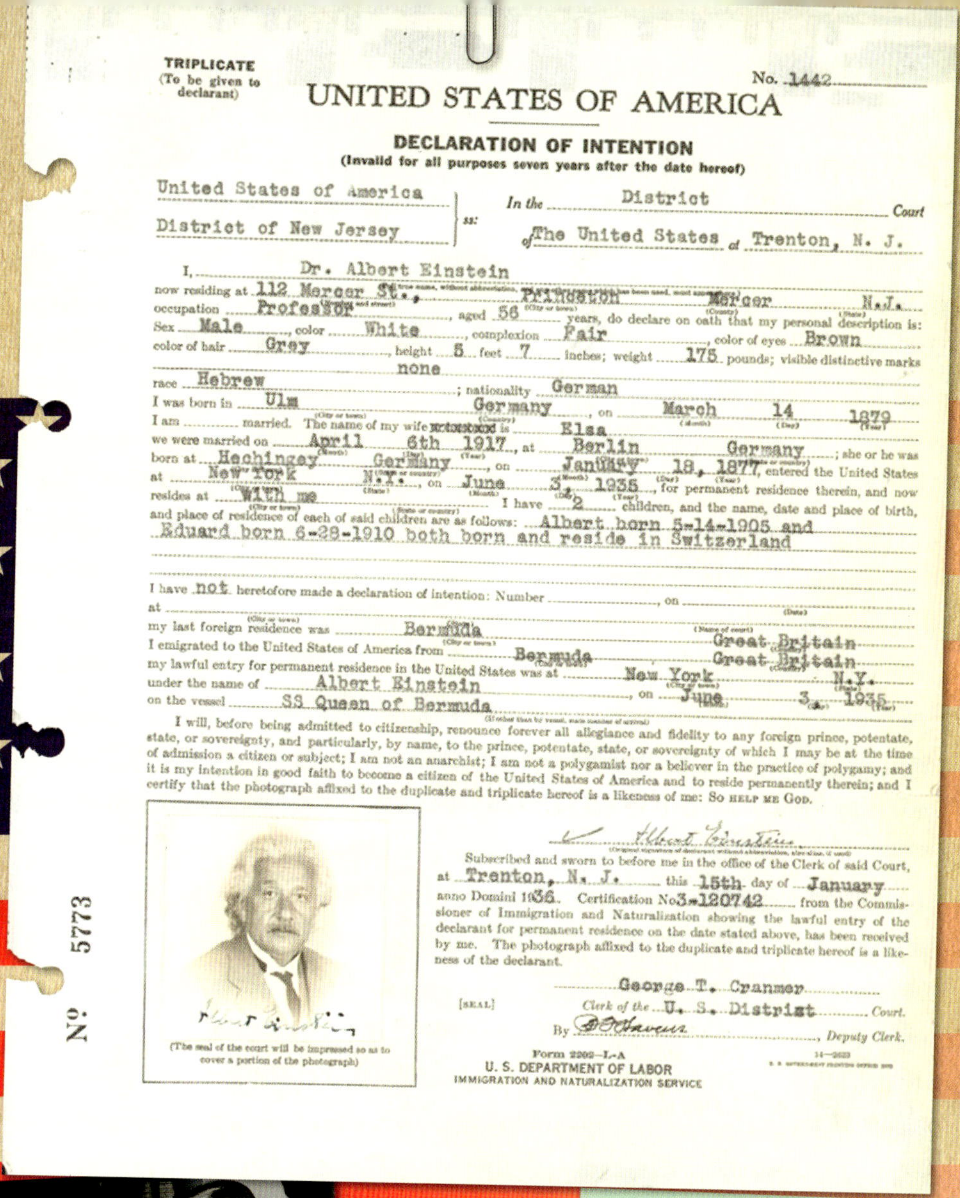

TRIPLICATE
(To be given to declarant)

No. 1442

UNITED STATES OF AMERICA

DECLARATION OF INTENTION

(Invalid for all purposes seven years after the date hereof)

United States of America, District of New Jersey, ss: In the District Court of The United States at Trenton, N. J.

I, Dr. Albert Einstein now residing at 112 Mercer St., Princeton, Mercer, N.J. occupation Professor, aged 56 years, do declare on oath that my personal description is: Sex Male, color White, complexion Fair, color of eyes Brown, color of hair Grey, height 5 feet 7 inches; weight 175 pounds; visible distinctive marks none

race Hebrew; nationality German

I was born in Ulm Germany, on March 14 1879

I am married. The name of my wife is Elsa we were married on April 6th 1917, at Berlin Germany; she or he was born at Hechingen Germany, on January 18, 1877, entered the United States at New York N.Y., on June 3, 1935, for permanent residence therein, and now resides at with me. I have 2 children, and the name, date and place of birth, and place of residence of each of said children are as follows: Albert born 5-14-1905 and Eduard born 6-28-1910 both born and reside in Switzerland

I have not heretofore made a declaration of intention: Number ......, on ...... at ......

my last foreign residence was Bermuda Great Britain

I emigrated to the United States of America from Bermuda Great Britain

my lawful entry for permanent residence in the United States was at New York N.Y. under the name of Albert Einstein on the vessel SS Queen of Bermuda, on June 3, 1935

I will, before being admitted to citizenship, renounce forever all allegiance and fidelity to any foreign prince, potentate, state, or sovereignty, and particularly, by name, to the prince, potentate, state, or sovereignty of which I may be at the time of admission a citizen or subject; I am not an anarchist; I am not a polygamist nor a believer in the practice of polygamy; and it is my intention in good faith to become a citizen of the United States of America and to reside permanently therein; and I certify that the photograph affixed to the duplicate and triplicate hereof is a likeness of me: So HELP ME GOD.

(The seal of the court will be impressed so as to cover a portion of the photograph)

Albert Einstein

Subscribed and sworn to before me in the office of the Clerk of said Court, at Trenton, N. J. this 15th day of January anno Domini 1936. Certification No 3-120742 from the Commissioner of Immigration and Naturalization showing the lawful entry of the declarant for permanent residence on the date stated above, has been received by me. The photograph affixed to the duplicate and triplicate hereof is a likeness of the declarant.

[SEAL]

George T. Cranmer
Clerk of the U. S. District Court.
By ...... Deputy Clerk.

Form 2202—L—A
U. S. DEPARTMENT OF LABOR
IMMIGRATION AND NATURALIZATION SERVICE

No 5773

Einstein reçoit la citoyenneté américaine

Université de Princeton

Les années de guerre

Cher Monsieur le Président

En 1933, **Leó Szilárd**, un jeune physicien d'origine hongroise, imagina un procédé selon lequel les noyaux des atomes libèreraient de l'énergie – conformément à la formule **$E=mc^2$** d'Einstein – ainsi que des particules, qui entreraient en collision avec d'autres noyaux, qui à leur tour libèreraient encore plus d'énergie. Six ans plus tard, Szilárd contacta Einstein, avec lequel il avait collaboré par le passé. Il le persuada d'user de son influence afin d'alerter directement le **Président Roosevelt** : Einstein envoya une lettre au Président pour l'avertir que l'uranium dont disposait l'Allemagne pouvait servir à la construction d'une **bombe atomique**, et le priait d'entrer en contact avec les scientifiques nucléaires américains.

Le projet Manhattan

Les historiens s'accordent pour dire que la lettre d'Einstein à Roosevelt fut l'élément déclencheur du projet américain pour le développement de l'arme nucléaire : le **projet Manhattan**. Parce que socialiste et allemand, Einstein ne reçut jamais l'autorisation des Services de sécurité pour y travailler. Toutefois, de nombreux juifs ayant fui l'Europe, dont Hans Bethe et Edward Teller, jouèrent un rôle déterminant dans la réussite du projet. Tout comme Einstein l'avait prédit, l'expulsion des scientifiques juifs par Hitler eut pour effet de précipiter la chute des puissances de l'Axe. À Princeton, Einstein **contribua indirectement** à la fabrication de l'arme nucléaire en mettant au point une technique permettant de séparer différents isotopes d'uranium (des noyaux d'uranium qui ne possèdent pas le même nombre de **neutrons** et, par conséquent, les mêmes propriétés nucléaires).

La vente du siècle

Bien qu'Einstein ait été peu impliqué dans le projet Manhattan, il participa à l'effort de guerre américain par d'autres moyens. Il effectua par exemple une analyse mathématique qui permit de déterminer la **disposition optimale** des mines navales dans les ports ennemis du Japon. Mais sa contribution la plus étonnante fut sans doute de recopier à la main son article de 1905 portant sur la relativité restreinte pour le vendre à l'**encan** à Kansas City, en 1944. Le montant de la vente atteignit la somme ahurissante de **6,5 millions de dollars**, qu'il versa entièrement au fonds de guerre. Le manuscrit se trouve aujourd'hui à la Bibliothèque du Congrès.

En 3 secondes

Einstein fut l'instigateur du projet Manhattan mais ne put directement travailler au développement de la bombe, ce qu'il n'a d'ailleurs jamais vraiment souhaité.

Sujets connexes

voir aussi

LES CONSÉQUENCES DE LA RELATIVITÉ RESTREINTE
page 78

L'ÉNERGIE
page 114

« On n'impose pas la paix par la force. C'est par la compréhension qu'on y parvient. »

Le Président
Franklin D. Roosevelt

Le militantisme

Le sionisme

Dans les premières décennies du XXe siècle, Einstein soutint le sionisme, au point de mettre à profit sa **notoriété grandissante** afin d'amasser des fonds pour la cause, durant sa visite aux États-Unis en 1921. Mais cet enthousiasme devait plus tard s'estomper. Son aversion pour le **nationalisme** l'amena à se demander si la transformation des juifs en un peuple nationaliste était vraiment une bonne idée, et s'ils ne s'exposaient pas ainsi à d'éventuels problèmes. Il critiqua aussi le rôle joué par la Grande-Bretagne dans la création de l'État d'Israël en 1948.

La paix dans le monde

Einstein se décrivit un jour comme un **militant pacifiste**, prêt à se battre pour la paix. Il allait jusqu'à encourager les jeunes à défier les lois de leur pays en ne participant pas au service militaire, affirmant que « rien ne mettra fin à la guerre, à moins que le peuple lui-même refuse de la faire ». Einstein devint moins strict sur ce point avec les années, considérant que la force était le seul moyen d'arrêter Hitler. Mais il ne renia jamais ses convictions. Après les bombardements atomiques contre le Japon à la fin de la guerre, il regretta sa lettre à Roosevelt, qui mena au développement de la **bombe A** des Américains ; il prétendit l'avoir écrite seulement par peur que les Allemands parviennent à fabriquer un tel engin en premier. Durant les dernières années de sa vie, il consacra beaucoup de temps au **mouvement pour la paix**, fondant, par exemple, le Comité d'urgence des scientifiques atomistes afin de faire campagne pour le contrôle des armes nucléaires.

La tolérance raciale

Einstein était convaincu que l'abolition des barrières nationales – et l'instauration d'un **gouvernement mondial** – était le seul moyen de garantir une paix durable. Cette conviction, renforcée par l'antisémitisme auquel il se heurta régulièrement, avait fait naître en lui le sentiment profond de l'égalité des races. Durant ses années à Princeton, il fut un virulent **critique de la discrimination raciale** aux États-Unis. Il devint membre de l'Association nationale pour l'avancement des gens de couleur (NAACP) et défendit âprement les libertés civiques des Afro-Américains. Pour lui, le racisme représentait « la pire gangrène de l'Amérique ».

En 3 secondes

Einstein s'opposa farouchement au militarisme en Europe et au racisme dans l'Amérique des années 1950.

Sujets connexes

voir aussi

LES ANNÉES DE GUERRE
page 52

L'HÉRITAGE CULTUREL
page 148

« Ne faites rien contre votre conscience, même si l'État l'exige. »

Einstein et sa femme avec
des partisans du sionisme
à bord du *SS Rotterdam*

La politique

Social-démocrate

Par son attachement à la justice sociale et son opposition à la société de classes, Einstein se trouvait très **à gauche** sur le spectre politique. Mais l'autoritarisme soviétique ne lui convenait pas non plus. Le socialisme d'Einstein tenait compte des libertés individuelles et de la liberté d'expression : c'était un **social-démocrate**. Ces idées, au départ floues, s'étaient imposées à lui lors de ses discussions avec Jost Winteler. Il les conserva toute sa vie. Einstein croyait qu'il valait mieux chercher à instaurer une **paix mondiale** plutôt que d'imposer un modèle politique particulier au reste du monde. Il réfutait également toute allégeance à un quelconque parti politique. Il tenait l'adhésion pour un signe de paresse intellectuelle.

Le président Einstein

Après la mort de Chaim Weizmann, premier président d'Israël, en 1952, le Premier ministre du pays, **David Ben Gourion**, céda à la volonté populaire et demanda à Einstein si la fonction l'intéressait. Einstein, toutefois, refusa, affirmant n'avoir ni les talents de communicateur ni le tact ou l'habileté d'un bon gestionnaire. En effet, les exigences du poste ne semblaient guère adaptées à sa personnalité et à ses instincts rebelles. Einstein déclara qu'il était **d'abord un scientifique** et non un politicien : « La politique est chose du présent, mais nos équations sont éternelles. » Ben Gourion fut, au dire de tous, très soulagé de l'entendre.

Le péril rouge

Au terme de la Seconde Guerre mondiale, la peur grandit aux États-Unis face à la menace du **communisme**. L'URSS développait son armement nucléaire et des responsables américains avouèrent être des espions à la solde des Soviétiques. Il s'ensuivit aux États-Unis une véritable chasse aux sorcières, menée par le sénateur **Joseph McCarthy**, qui chercha à établir les éventuels liens des socialistes et des intellectuels les plus en vue avec des groupes communistes. Einstein était l'un d'eux. En fait, le FBI avait ouvert un dossier sur lui dès 1932. Einstein se montra très critique face au traitement du « **péril rouge** », soulignant qu'une telle violation des libertés civiques dans l'intérêt de la « sécurité » était aussi dangereuse que le communisme lui-même.

En 3 secondes

Pour un scientifique, Einstein était très impliqué politiquement. Au début des années 1950, ses idées radicales lui vaudront l'étiquette de traître et d'espion aux yeux de l'inquisition maccarthyste.

Sujets connexes

voir aussi
EN SUISSE
page 26
LE MILITANTISME
page 54

« Le seul salut de la civilisation et de la race humaine se trouve dans la création d'un gouvernement mondial. »

Grand sceau
des États-Unis
E PLURIBUS UNUM
Joseph McCarthy

« Il est temps de partir »

Adieu, Albert

Einstein souffrit de problèmes gastriques toute sa vie durant. Mais en 1948, il fut pris de douleurs abdominales aiguës qui le conduisirent à l'hôpital. Les chirurgiens diagnostiquèrent un **anévrisme de l'aorte** – une enflure de l'artère principale qui amène le sang à l'abdomen – et l'avertirent que cet anévrisme pourrait un jour se rompre et le tuer – ce qui arriva sept ans plus tard. Les médecins proposèrent de l'opérer, mais Einstein, sachant les chances de réussite minces, refusa : « J'ai fait ma part, **il est temps de partir**. Je le ferai élégamment. » Albert Einstein mourut à l'hôpital, peu après une heure du matin, le 18 avril 1955. À son chevet, le premier jet d'un discours qu'il devait prononcer pour le Jour de l'Indépendance israélienne, ainsi qu'un calcul inachevé concernant la théorie des champs unifiés. La science et l'humanisme demeurèrent jusqu'à la fin ses deux grandes préoccupations.

En 3 secondes

Einstein finit ses jours dans un hôpital de Princeton. Il y mourut à 76 ans, entouré non pas de sa famille et de ses amis mais de formules mathématiques.

Crémation

Lorsque parurent les journaux annonçant la mort d'Einstein, son corps avait déjà été incinéré. Conformément à ses vœux, Einstein eut droit à une petite cérémonie réservée à sa famille et ses amis le jour de sa mort. Peu après, ses cendres furent répandues dans le **fleuve Delaware**. Mais avant que le corps d'Einstein puisse reposer en paix, une autopsie d'usage fut pratiquée. Le pathologiste, Thomas Harvey, retira le cerveau d'Einstein, et ce, sans le consentement de la famille. Plus tard, lorsqu'on lui demanda des comptes, Harvey défendit son geste, affirmant qu'il avait agi dans l'intérêt de la science et qu'Einstein eût été d'accord.

Sujets connexes

voir aussi
LA POLITIQUE
page 56
LA THÉORIE DES CHAMPS UNIFIÉS
page 100

Qu'avait-il dans la tête ?

Harvey découpa le cerveau d'Einstein et envoya les lames de microscope à des spécialistes, mais peu de résultats furent publiés. Il semble qu'Harvey conserva ensuite le cerveau pendant 43 ans avant de le renvoyer à l'hôpital. Parmi les rares études scientifiques entreprises à partir des échantillons prélevés par Harvey, la plus célèbre est celle réalisée par des neuroscientifiques de l'Université McMaster au Canada. Ils constatèrent que le **lobe pariétal** d'Einstein avait une fissure plus courte que la moyenne, un trait parfois associé à l'**esprit mathématique**.

« De toutes les peurs, celle de la mort est la plus injustifiée. »

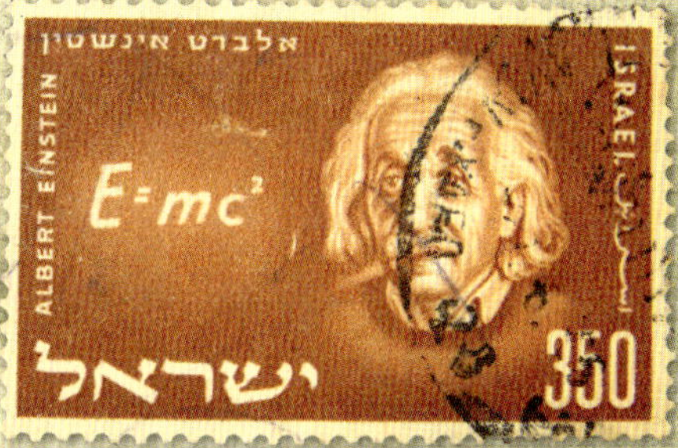

Le bureau d'Einstein à l'Université
de Princeton en 1955

Chronologie

1879
Albert naît à Ulm, en Allemagne, de Hermann Einstein et Pauline Koch. Sa sœur Maja verra le jour deux ans plus tard.

1894
Einstein déménage en Suisse afin d'étudier les mathématiques et la physique à l'École polytechnique de Zurich et pour éviter le service militaire dans l'armée allemande.

1895
Une promenade à vélo inspire à Einstein l'une de ses plus célèbres questions de physique : que verrait-on si on avançait à côté d'un rayon de lumière ?

1902
Ne parvenant pas à trouver un poste universitaire, Einstein obtient un emploi à l'Office des brevets suisses, à Berne. Il poursuit ses recherches scientifiques durant son temps libre.

1904
Mileva Maric, qu'il a épousée en 1902, donne naissance à Hans Albert, puis, six ans plus tard, à Eduard.

1914
La notoriété grandissante d'Einstein lui vaut une chaire de professeur à la prestigieuse Université de Berlin.

1921
Dans la foulée du succès remporté par la théorie de la relativité générale, Einstein donne une série de conférences à guichets fermés aux États-Unis.

1922

Einstein reçoit rétroactivement le prix Nobel de physique de 1921, pour son explication de l'effet photoélectrique et non pour la relativité.

1931

Einstein quitte l'Allemagne pour une autre tournée de trois mois sur le sol américain. Mais elle marquera le début de son exil à cause de ses origines juives et de la marche au pouvoir d'Hitler.

1939

Einstein et le physicien hongrois Leó Szilárd mettent en lumière le potentiel de la fission nucléaire dans la création d'une arme atomique. Einstein écrit au Président Roosevelt pour l'en avertir.

1940

Après sa fuite d'Allemagne et l'obtention en 1933 de son permis de séjour aux États-Unis, Einstein reçoit la citoyenneté américaine.

1955

Einstein meurt d'une rupture d'anévrisme de l'aorte à l'hôpital de Princeton. Il a 76 ans.

1999

Einstein est nommé « personnalité du siècle » par le magazine *Time*.

Glossaire

Académie Olympia Club de discussion scientifique fondé par Einstein et ses amis Maurice Solovine et Conrad Habicht, à Berne.

Année miraculeuse 1905 : la publication de quatre articles historiques sur la relativité restreinte, $E=mc^2$, l'effet photoélectrique et le mouvement brownien donne à Einstein ses lettres de noblesse.

Antisémitisme Haine raciale dirigée contre les juifs.

Athée Individu qui rejette la religion et l'existence de tout esprit divin.

Dieu de Spinoza Déité manifeste dans l'harmonie du monde naturel, telle que le philosophe néerlandais Baruch Spinoza la concevait.

École polytechnique de Zurich Institution où Einstein fit ses premières études universitaires. Aujourd'hui appelée École polytechnique fédérale de Zurich.

Arthur Eddington Astronome et astrophysicien anglais qui, en 1919, confirma la relativité générale d'Einstein en mesurant la déviation des rayons lumineux près du Soleil.

Eduard Einstein Deuxième fils d'Einstein, né en 1910 et plus tard interné en raison de sa schizophrénie. Il mourut d'un infarctus en 1955.

Hans Albert Einstein Premier fils d'Einstein, né en 1904. Hans Albert devint professeur de génie hydraulique à l'Université de Californie. Il mourut en 1973.

Lieserl Einstein Fille illégitime née en 1902 d'Einstein et de Mileva Maric. Son sort reste inconnu.

Maja Einstein Sœur d'Einstein, née en 1881. Einstein et elle furent extrêmement proches. Sa mort, en 1951, bouleversa le physicien.

IAS Sigle de l'Institute for Advanced Studies, à Princeton, où travailla Einstein après avoir fui l'Allemagne nazie.

Lobe pariétal Région du cerveau située à l'arrière de la boîte crânienne, dans sa partie supérieure, que l'on associe au raisonnement mathématique et à la perception de l'espace.

Elsa Lowenthal Deuxième épouse d'Einstein ; elle était aussi sa cousine. Ils se marièrent en 1919. Elsa mourut en 1936.

Luitpold Gymnasium École secondaire d'Einstein à Munich, qu'il fréquenta de 1888 à 1895.

Maccarthysme « Chasse aux sorcières » menée par le sénateur McCarthy visant à éradiquer le communisme aux États-Unis. Einstein fit l'objet d'enquêtes en raison de son pacifisme et de ses idées socialistes.

Mileva Maric Première épouse d'Einstein, qu'il rencontra à l'École polytechnique de Zurich. Ils se marièrent en 1903 et divorcèrent en 1919. Mileva mourut en 1948.

Hermann Minkowski Professeur de maths d'Einstein à l'École polytechnique de Zurich qui le traita de « fainéant ».

Pacifisme Refus de porter les armes ou de prendre part, de manière directe ou indirecte, à la violence et aux hostilités en temps de guerre.

Projet Manhattan Initiative américaine durant la Seconde Guerre mondiale visant à fabriquer l'arme nucléaire. En résulta la destruction d'Hiroshima et de Nagasaki.

Sionisme Mouvement pour la création d'un État juif – Israël –, formellement établi en 1948.

Max Talmud Ami de la famille Einstein durant l'enfance d'Albert. Il apporta des livres au jeune prodige afin de cultiver son intérêt pour la science.

Einstein
USA 15c

Chapitre 2

Ses théories

La structure de la matière

La capillarité

Le premier travail de recherche publié par Einstein le fut en mars 1901 dans la revue *Annalen der Physik (Annales de la physique)*. Il traitait de la **capillarité**. Plongez un tube dans un récipient d'eau et vous verrez le niveau de l'eau monter à l'intérieur du tube. Einstein tenta d'expliquer ce phénomène par des forces agissant entre les molécules d'eau, forces qu'il fit obéir à une loi semblable à celle de la **gravitation de Newton**. Malheureusement, la théorie d'Einstein était fausse. Bien que la capillarité soit causée par les forces entre les molécules (à la fois celles du liquide et celles des parois du tube), la forme mathématique de ces forces est très différente de celle que décrit la théorie gravitationnelle de Newton. Néanmoins, Einstein accéda avec cet article à la **publication**.

En 3 secondes

Einstein entame sa carrière scientifique en décortiquant les propriétés de la matière. Aucune université ne veut l'embaucher et il est contraint d'effectuer ses recherches lors de son temps libre.

La taille des molécules

En juillet 1905, Einstein présenta sa thèse de doctorat à l'Université de Zurich, où il proposait une ingénieuse estimation de la taille des molécules, toutes construites à partir d'atomes liés ensemble. Einstein conçut des équations permettant de décrire la viscosité d'une solution d'eau sucrée. Puis, en se servant de données expérimentales sur la viscosité d'une telle solution, il résolut ses équations et trouva qu'un volume de 22,4 litres d'eau, à 20 °C et à la pression atmosphérique moyenne, contient $2{,}1 \times 10^{23}$ molécules (un nombre énorme, égal à 21 suivi de 22 zéros). Aujourd'hui, la valeur admise (appelée **nombre d'Avogadro**) est de $6{,}022 \times 10^{23}$. À partir de là, Einstein fut en mesure de déterminer la taille de chaque molécule.

Sujets connexes

voir aussi

LA MÉCANIQUE STATISTIQUE
page 94

LE MONDE QUANTIQUE
page 96

Les vibrations quantiques

En 1906, Einstein formula une théorie de la matière solide qui tenait compte d'une nouvelle branche de la physique, la **mécanique quantique**, qui nous dit que l'énergie ne peut exister qu'en petits paquets indivisibles. La théorie d'Einstein envisageait la matière comme un **treillis tridimensionnel d'atomes ou de molécules** liés ensemble par des ressorts (qui n'existent pas vraiment ; Einstein cherchait seulement à visualiser les forces). Elle supposait que, en raison des lois quantiques, ces ressorts ne pouvaient vibrer qu'à des fréquences précises. Sa théorie prédisait qu'à basse température, les vibrations des atomes devraient cesser complètement, ce qui expliquait certaines **propriétés étranges des solides** à basse température, propriétés qui déroutaient alors les physiciens.

« La science est une chose merveilleuse si on n'en fait pas son gagne-pain. »

Molécules

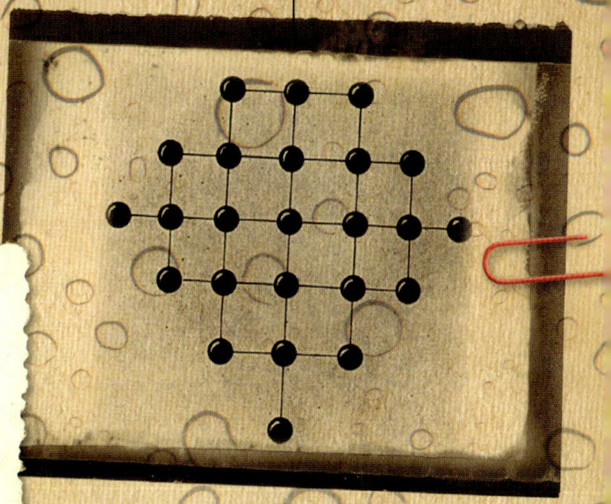

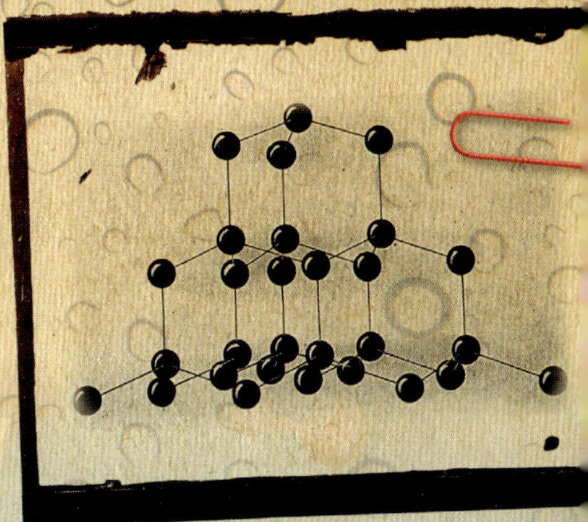

Sir Isaac Newton

La nature de la lumière

La dualité onde-particule

L'un des quatre articles **révolutionnaires** qu'Einstein publia en 1905 proposait une explication de l'effet photoélectrique, selon lequel certains métaux, lorsqu'ils entrent en contact avec la lumière, émettent des électrons. L'explication d'Einstein s'appuyait sur une idée formulée vers 1900 par le physicien allemand **Max Planck**, selon laquelle la lumière est faite de paquets individuels, appelés **quanta**. Planck avait émis cette idée comme un simple modèle pour mieux comprendre l'interaction entre le rayonnement et la matière, rien de plus. Mais Einstein l'interpréta littéralement, soutenant que la lumière est réellement faite de particules. Planck et la plupart des physiciens de l'époque détestèrent l'idée, mais elle s'avéra juste. Des **particules de lumière** furent observées par le physicien anglais Arthur Compton en 1923 ; elles furent plus tard baptisées « photons ».

L'émission stimulée

Les théories d'Einstein sont à la base du fonctionnement des lasers, qui vient du principe de l'« émission stimulée » développé en 1917. Einstein s'inspira d'une **nouvelle théorie de l'atome** proposée par le physicien danois **Niels Bohr** : les électrons orbitent autour du noyau central de l'atome en une série de niveaux qui correspondent chacun à une énergie différente. L'absorption par l'atome d'un photon de lumière fait augmenter le niveau d'énergie d'un électron. Le contraire se produit lorsqu'un photon est émis par l'atome. Einstein tenta de se servir du modèle de Bohr pour faire dériver la **théorie du rayonnement** de Planck. Mais il découvrit qu'il pouvait y parvenir uniquement si les photons émis par un atome avaient la possibilité de déclencher l'émission de photons identiques par d'autres atomes ; d'où le principe d'émission stimulée.

La loi de Stark-Einstein

La **loi de Stark-Einstein** fut découverte indépendamment par Einstein et par le physicien allemand Johannes Stark. Elle dit essentiellement que le rayonnement entraîne des changements physiques et chimiques sur la matière, et que chaque photon de rayonnement peut affecter au plus un atome ou une molécule de matière. Autrement dit, pour causer un changement dans un échantillon de N atomes d'une substance par l'effet du rayonnement, vous devez le bombarder d'au moins N photons. Il s'agit de la **loi de photoéquivalence**. Depuis, un « Einstein » (une unité d'irradiance utilisée en photochimie) vaut un nombre de photons égal au nombre d'Avogadro.

En 3 secondes

Einstein renouvelle la compréhension de la lumière et du rayonnement. Ses percées jetteront les bases de la théorie quantique, qu'il en viendra plus tard à détester.

Sujets connexes

voir aussi
LA STRUCTURE DE LA MATIÈRE page 66
L'ÉLECTROMAGNÉTISME page 72

« Lorsqu'un rayon de lumière est diffusé à partir d'un point, l'énergie consiste en un nombre fini de quanta d'énergie localisés en des points de l'espace qui peuvent être absorbés ou générés seulement comme un tout. »

Émissions de photons dans l'espace
A
C

32°
Réflexion lumineuse

1 Ein

La thermodynamique

La relation d'Einstein

La thermodynamique est l'étude de la chaleur : elle traite de la manière dont celle-ci se déplace et interagit avec la matière. L'une des premières contributions d'Einstein dans ce domaine vit le jour pendant ses recherches sur le **mouvement brownien** en 1905. Einstein découvrit que si une particule de poussière se déplace au hasard dans l'air, la distance que peut parcourir cette particule à partir de son point de départ – sous l'effet de **collisions aléatoires** avec les atomes dans l'air la bousculant d'un côté et de l'autre – peut être déterminée par une équation mathématique toute simple appelée **relation d'Einstein**. L'équation tient compte de la température de l'air, de la taille des particules et de la force de résistance qui agit sur elles lorsqu'elles se déplacent dans l'air.

En 3 secondes

Einstein prouve sa maîtrise de la science de la chaleur : il explique pourquoi certains liquides deviennent troubles et co-invente un réfrigérateur sans alimentation électrique.

L'opalescence critique

En 1910, Einstein conçut une théorie pour expliquer le phénomène de l'« opalescence critique », phénomène selon lequel certains mélanges liquides peuvent prendre tout à coup un aspect laiteux au-delà d'une certaine température. On peut citer, par exemple, les désinfectants domestiques à base de phénol, qui deviennent troubles lorsqu'on les mélange à de l'eau. La théorie d'Einstein attribue ce phénomène à des fluctuations dans la concentration du mélange qui causent à leur tour des fluctuations de l'**indice de réfraction**, c'est-à-dire du degré de **déviation des rayons lumineux** qui le traversent. Einstein se servit de la thermodynamique pour montrer qu'au-delà d'une température critique (qui dépend de la composition et de la concentration du mélange), ces fluctuations deviennent grandes, dispersant la lumière blanche de façon aléatoire, de sorte que le liquide lui-même devient blanc.

Sujets connexes

voir aussi

LES ANNÉES DE GUERRE
page 52

LA MÉCANIQUE STATISTIQUE
page 94

Le réfrigérateur d'Einstein

Avec le physicien **Leó Szilárd**, Einstein fabriqua un réfrigérateur. Leur invention ne comportait aucune pièce mobile, fonctionnait uniquement à l'aide de gaz sous pression et ne nécessitait aucune électricité, seulement une source de chaleur. Le dispositif reçut un **brevet américain** en 1930, mais il fut bientôt supplanté par les réfrigérateurs à compresseur, plus modernes et plus efficaces. En 2008, cependant, on annonça que des chercheurs de l'Université d'Oxford avaient repris l'idée pour la mettre en pratique dans des régions du monde sans électricité.

« La thermodynamique classique… C'est la seule théorie physique universelle qui, à mon avis, ne sera jamais renversée. »

Nov. 11, 1930. A. EINSTEIN ET AL 1,781,541

REFRIGERATION

Filed Dec. 16, 1927

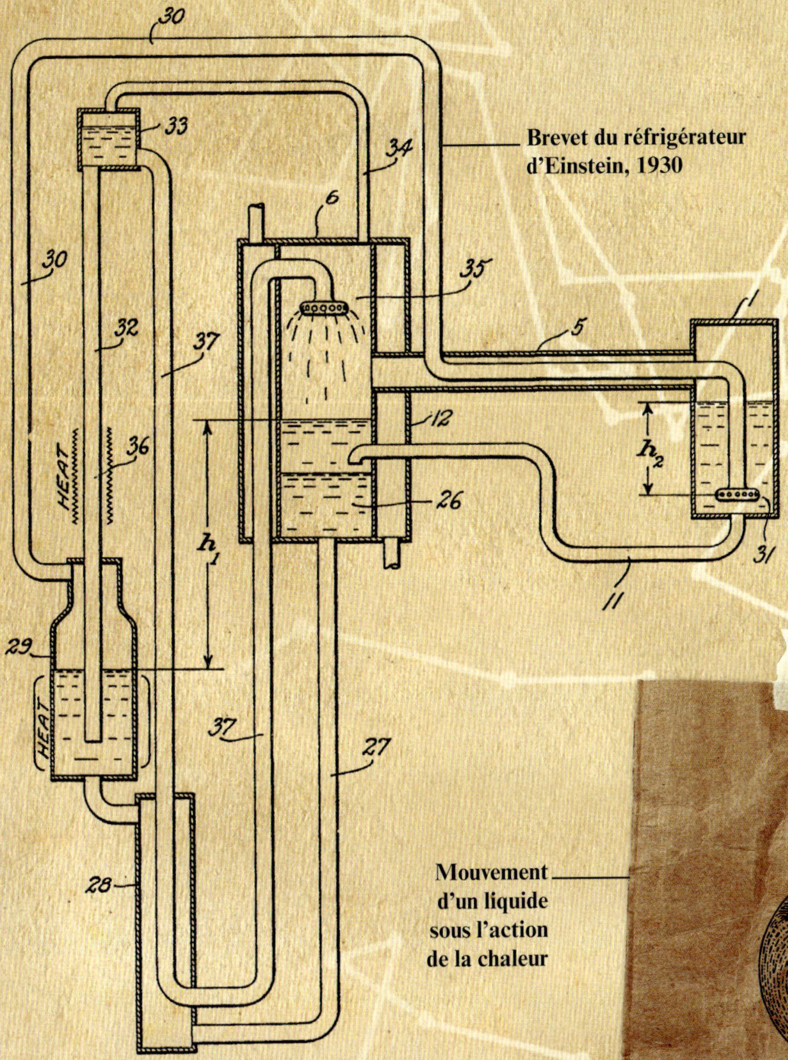

Brevet du réfrigérateur d'Einstein, 1930

INVENTORS
Albert Einstein
Leo Szilard
BY
Wm. J. Hedlund
their ATTORNEY

Mouvement d'un liquide sous l'action de la chaleur

L'électromagnétisme

L'effet photoélectrique

Éclairez un métal, il générera des électrons. Il s'agit de l'effet photoélectrique, observé pour la première fois par le physicien allemand **Heinrich Hertz** en 1887. Mais en deçà d'une certaine fréquence limite (qui correspond à la lumière ultraviolette), Hertz remarqua qu'aucun électron n'était émis, et les scientifiques étaient bien incapables de dire pourquoi. Einstein leur donna la réponse en 1905 en s'inspirant de l'idée de Max Planck selon laquelle la lumière est faite de paquets individuels appelés quanta, l'énergie de chacun étant proportionnelle à la **fréquence de la lumière**. Einstein comprit que les électrons étaient générés par des collisions avec les quanta, ce qui ne peut se produire que si l'énergie de chacun suffit à vaincre les forces qui maintiennent les électrons en place. Dans le modèle de Planck, c'est possible uniquement si la fréquence lumineuse est assez élevée.

En 3 secondes

Einstein explique comment la lumière peut générer des électrons et tente de découvrir la nature des supraconducteurs. Il confirme du même coup les soupçons qui laissent croire à une quantification de la lumière.

L'effet Einstein-de Haas

En 1915, année qui vit aussi la publication de la relativité générale, Einstein collabora avec le physicien néerlandais **Wander Johannes de Haas** afin d'établir un lien entre le champ magnétique d'un conducteur et le **spin quantique** des électrons à l'intérieur. Ils découvrirent que lorsqu'un corps magnétique comme le fer est introduit dans une **bobine conductrice**, le champ magnétique engendré par la bobine entraîne la rotation du corps. Une loi appelée « conservation du moment cinétique » dit qu'une rotation ne peut être ni créée ni détruite ; ainsi, la rotation du corps en question doit avoir une contrepartie, une rotation inverse située à l'intérieur du corps. Ils postulèrent (avec raison) qu'il s'agissait du spin de ses **électrons**, tous orientés dans la même direction par le champ magnétique.

Sujets connexes
voir aussi
AUTRES DISTINCTIONS
page 42
LES CONSÉQUENCES DE LA RELATIVITÉ RESTREINTE
page 78

La supraconductivité

En 1911, le physicien néerlandais **Heike Kamerlingh Onnes** découvrit le phénomène de **supraconductivité** : lorsque certains métaux sont refroidis près du zéro absolu, -273 °C, leur résistance électrique disparaît soudainement. En 1922, Einstein publia une étude théorique consacrée au phénomène, suggérant que le courant voyage le long d'enchaînements moléculaires appelés **chaînes de conduction** : la supraconductivité ne se manifesterait qu'à basse température parce que la chaleur briserait ces chaînes. Il avait tort. La bonne théorie des supraconducteurs ne vit le jour qu'en 1957 grâce à l'invention des outils en permettant l'explication.

« J'ai trouvé, de manière fort simple, le lien entre la taille des quanta de matière et les longueurs d'onde du rayonnement. »

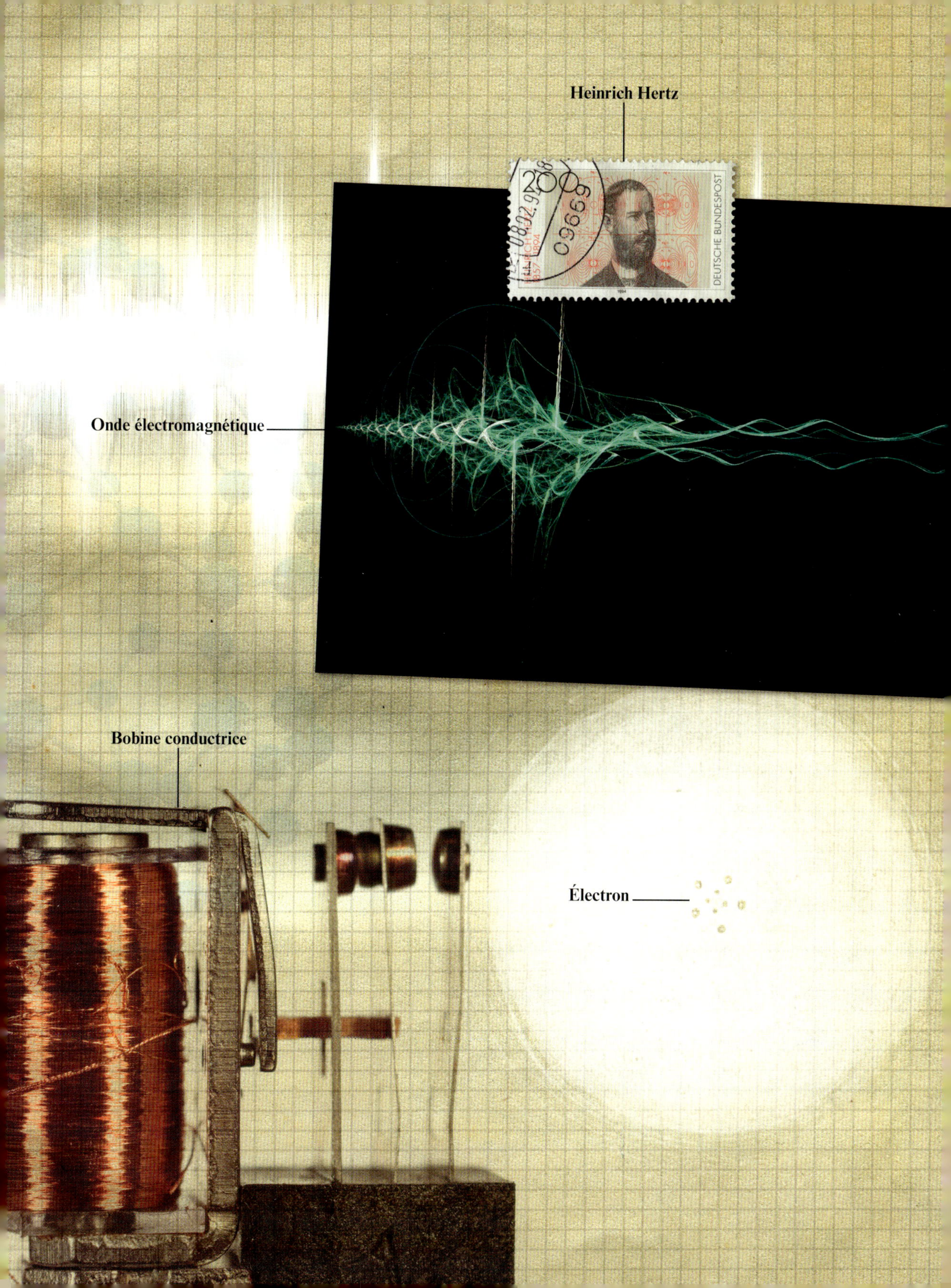
Heinrich Hertz
DEUTSCHE BUNDESPOST
Onde électromagnétique
Bobine conductrice
Électron

Les fondements de la relativité restreinte

L'éther

Au XIXe siècle, les physiciens prenaient les ondes lumineuses pour des rides qui se propageaient dans une substance occupant tout l'espace appelée « éther ». Mais en 1887, deux physiciens américains, **Albert Michelson** et **Edward Morley**, réalisèrent une expérience visant à détecter le mouvement de la Terre par rapport à l'éther dans son **orbite autour du Soleil** et ne trouvèrent rien. Le Néerlandais **Hendrik Lorentz** décida de formuler une théorie qui expliquait ce résultat nul en supposant un rétrécissement tangible des objets en mouvement. Einstein soutint que, si la théorie de Lorentz était bonne, ce rétrécissement devait être indépendant des propriétés mécaniques des objets : il s'agissait plutôt d'un trait fondamental de l'espace et du temps.

En 3 secondes

Au tournant du siècle dernier, les lois de la mécanique et celles de l'électromagnétisme ne concordaient pas. Einstein croyait bien savoir pourquoi.

Le principe de relativité

Selon Einstein, si cette substance nébuleuse existait vraiment, elle définirait pour l'Univers un référentiel privilégié. Deux siècles auparavant, **Isaac Newton** s'était porté en faveur de ce référentiel privilégié, un concept qu'il nommait **espace absolu**. Einstein croyait plutôt que tous les référentiels de l'Univers se valent, et toute théorie physique devait selon lui tenir compte de cette notion, qu'il appelait le **principe de relativité**.

Sujets connexes

voir aussi

LA RELATIVITÉ RESTREINTE
page 76

LES FONDEMENTS DE LA RELATIVITÉ GÉNÉRALE
page 80

La vitesse de la lumière

De façon générale, il existe un mouvement relatif entre deux objets qui se déplacent. Par exemple, si deux véhicules se dirigent l'un vers l'autre à 100 km/h, le conducteur de chaque véhicule verra l'autre s'approcher à 200 km/h. On pourrait croire que le même raisonnement s'applique à la lumière : si vous pouviez voyager avec un rayon de lumière, un autre rayon à contresens aurait une **vitesse deux fois plus grande**. Or, c'est là tout le problème. En 1861, le physicien écossais James Clerk Maxwell formula sa théorie révolutionnaire, l'électromagnétisme, établissant la vitesse de la lumière comme une constante fondamentale de la nature. Si les rayons de lumière obéissaient aux principes habituels du **mouvement relatif**, le principe de relativité serait violé : comment la vitesse de la lumière pourrait-elle être constante tout en variant par rapport au mouvement de l'observateur ? Pour résoudre ce problème, Einstein postula que la lumière se déplace toujours à la même vitesse, indépendamment du référentiel. Ce fut une grande percée qui le mena, en 1905, à la **théorie de la relativité restreinte**.

« Il n'y a pas de parcours logique pour découvrir ces lois élémentaires. Il y a simplement l'intuition... »

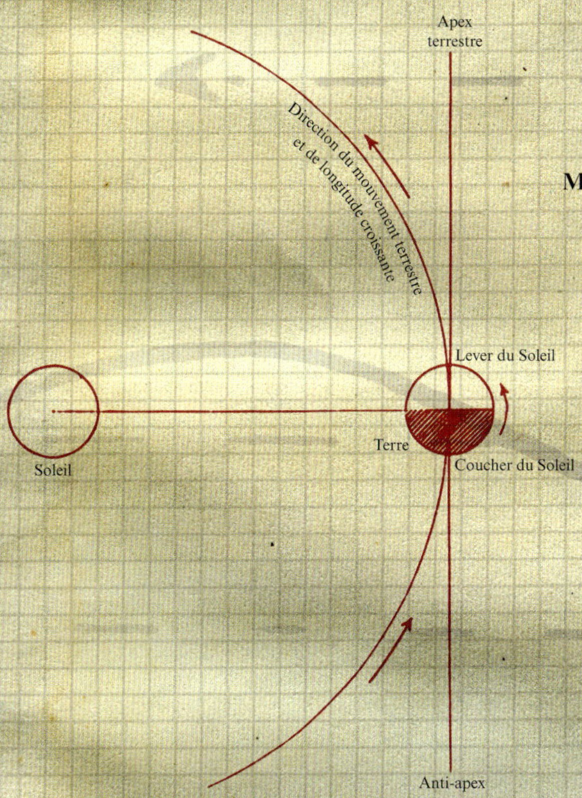

Albert Michelson

La relativité restreinte

Le temps et l'espace

La solution qu'Einstein apporta aux disparités entre l'électromagnétisme de Maxwell et les **principes du mouvement relatif** prit le nom de « relativité restreinte ». Au cœur de la théorie se trouve un ensemble d'équations qui mettent en rapport les propriétés d'objets situés dans des référentiels se déplaçant à différentes vitesses. À basse vitesse, les équations obéissent aux lois habituelles dictées par le bon sens (ainsi, la vitesse de deux véhicules se rapprochant est simplement additionnée). Mais à grande vitesse, les nouvelles lois d'Einstein prédisent la règle de contraction de Lorentz, selon laquelle les objets en mouvement rapide rétrécissent dans le sens de leur déplacement. Elles entraînent aussi la **dilatation du temps**, de sorte qu'une horloge en mouvement avance plus lentement qu'une horloge stationnaire. Selon ce principe, un astronaute qui voyagerait à 99 % de la **vitesse de la lumière** pendant un an constaterait en revenant sur Terre que sept ans se sont écoulés.

En 3 secondes

Albert Einstein réécrit d'un seul coup le livre de la mécanique classique, élaboré notamment par Newton et Galilée.

La simultanéité

En **relativité**, deux événements qui se produisent simultanément dans le référentiel d'un observateur ne sont pas nécessairement simultanés dans le référentiel d'un autre qui se déplace différemment. Imaginez une ampoule au centre d'une voiture de train qui se déplace. Un observateur dans la voiture allume l'ampoule et voit s'illuminer les deux extrémités de la voiture **simultanément**. Mais pour un observateur qui se tient sur le quai alors que le train passe, la lumière éclaire l'arrière de la voiture en premier. Selon la théorie d'Einstein, relativement à l'observateur stationnaire, **la lumière voyage à la même vitesse** malgré le déplacement du train. Ainsi, il voit l'arrière de la voiture s'approcher de la lumière tandis que l'avant s'en éloigne, ce qui explique pourquoi elle atteint d'abord l'arrière.

Sujets connexes

voir aussi

À L'ÉCOLE POLYTECHNIQUE DE ZURICH
page 28

LES FONDEMENTS DE LA RELATIVITÉ RESTREINTE
page 74

La quatrième dimension

Si la relativité restreinte bouleversa la physique, son aspect le plus **radical** demeure sa conception du temps. Avant Einstein, les physiciens considéraient les **trois dimensions de l'espace** et celle du temps comme deux entités très différentes. La relativité les a réunies, le temps devenant la quatrième dimension d'un **canevas unifié**, l'**espace-temps**. Ironiquement, une grande partie des travaux liés à la physique de l'espace-temps furent menés par Minkowski, qui avait traité Einstein de « fainéant ».

« Plus vous allez vite, plus vous êtes petit. »

La relativité
d'Einstein

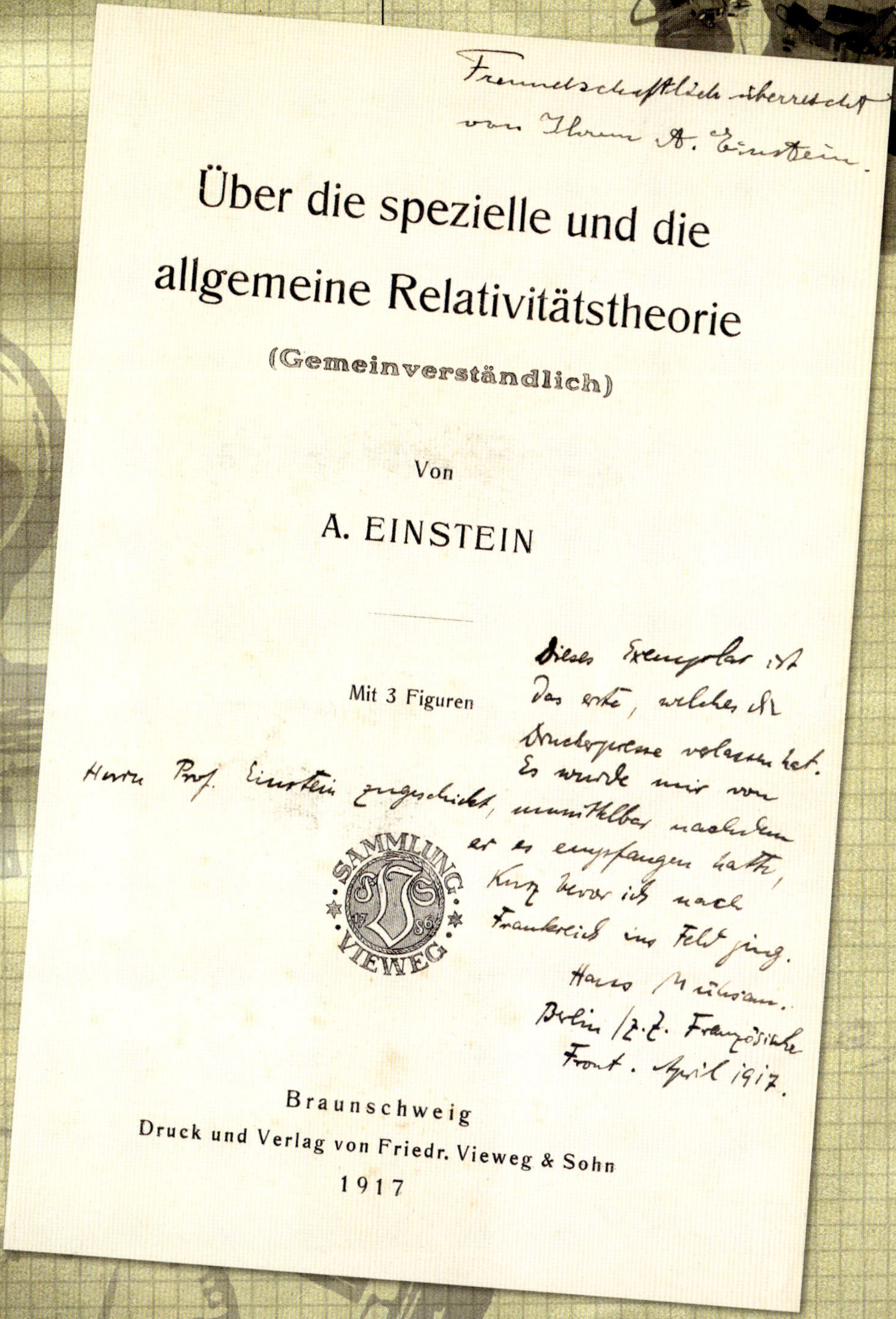

Freundschaftlich überreicht
von Ihrem A. Einstein.

Über die spezielle und die
allgemeine Relativitätstheorie

(Gemeinverständlich)

Von

A. EINSTEIN

Mit 3 Figuren

Dieses Exemplar ist
das erste, welches die
Druckerpresse verlassen hat.
Es wurde mir von
Herrn Prof. Einstein zugeschickt, unmittelbar nachdem
er es empfangen hatte,
kurz bevor ich nach
Frankreich ins Feld ging.
Hans Mühsam.
Berlin / z. Z. Französische
Front. April 1917.

Braunschweig
Druck und Verlag von Friedr. Vieweg & Sohn
1917

Les conséquences de la relativité restreinte

Une limite de vitesse universelle

La relativité restreinte exclut la possibilité de se déplacer plus vite que la lumière. La théorie stipule que, si on permet un tel déplacement **supraluminique**, il devient possible de renverser l'ordre de cause à effet, ce qui mène à des **situations paradoxales** où le résultat peut précéder les événements qui le causent. Cette restriction universelle de la vitesse se manifeste dans le fait qu'il devient de plus en plus difficile pour un objet d'accélérer lorsqu'il s'approche de la vitesse de la lumière. Plus vous allez vite, plus il faut d'énergie pour accélérer jusqu'à ce que, à la vitesse de la lumière, l'énergie requise devienne **infinie**.

En 3 secondes

La relativité restreinte, conçue au départ pour expliquer le mouvement relatif de deux corps en déplacement, change complètement le visage de la physique théorique.

$E=mc^2$

Sans doute l'équation la plus célèbre de toute la physique, $E=mc^2$ nous vient directement de la structure mathématique de la relativité restreinte. Il s'agit d'un rapport entre l'**énergie** (E), la **masse** (m) et la **vitesse de la lumière** (c) qui dit essentiellement que la masse et l'énergie sont équivalentes. Si vous mesurez la masse initiale d'un morceau de **charbon** et que vous mesurez ensuite la masse de toute la cendre et la fumée résultant de sa combustion, vous constaterez que la masse résultante est plus petite que la masse initiale – et la différence de masse multipliée par c^2 vous donnera l'énergie totale libérée pendant la combustion. Cette équation devint plus tard la clé de voûte de la **théorie de l'énergie nucléaire**.

Sujets connexes
voir aussi

L'ÉNERGIE
page 114
PLUS VITE QUE LA LUMIÈRE
page 128

Le spin quantique

Les **particules subatomiques** ont une propriété que les physiciens appellent le « spin quantique ». Cela n'a rien à voir avec le *spin* en anglais usuel, qui est une propriété du mouvement, comme la vitesse et l'accélération. Le spin quantique est plutôt une propriété fondamentale des particules, comme la masse et la charge électrique. En 1924, le physicien autrichien **Wolfgang Pauli** proposa une description mathématique du spin quantique. Même si elle semblait fonctionner, lui-même ne savait pas comment sa théorie devait s'ancrer dans le réel. Le physicien anglais Paul Dirac lui fournit la réponse trois ans plus tard. Il parvint à dériver les équations de spin quantique de Pauli en appliquant la relativité restreinte aux lois de la **théorie quantique**, qui gouvernent le monde subatomique. La théorie d'Einstein commençait à laisser sa marque.

« La relativité restreinte nous apprend que la masse et l'énergie sont deux manifestations différentes d'une même chose. »

Lumière
$e = mc^2$
Énergie
Masse

Les fondements de la relativité générale

L'accélération

Einstein savait la relativité restreinte incomplète, car elle s'appliquait seulement au cas particulier d'objets voyageant à vitesse constante. Entre 1905 et 1915, il entreprit de **généraliser** la théorie afin d'englober le mouvement des objets qui accélèrent. Pour ce faire, il devait introduire dans sa théorie le concept de **l'inertie**, qui fait en sorte que les objets lourds sont plus difficiles à faire accélérer que les objets légers. Einstein croyait qu'il aboutirait à un traitement adéquat de l'inertie s'il harmonisait sa théorie avec le **principe de Mach**, selon lequel l'inertie résulte du mouvement des objets par rapport au reste de la masse de l'Univers.

La gravitation

Einstein savait aussi que la relativité restreinte ne cadrait pas avec la gravitation. La meilleure théorie gravitationnelle, à l'époque, restait la **loi universelle de la gravitation** d'Isaac Newton, formulée en 1687. Elle dit que la gravité se propage dans l'espace à une vitesse infinie : si le Soleil disparaissait soudainement, la Terre et toutes les autres planètes cesseraient immédiatement de sentir la force gravitationnelle qui les garde en orbite, et elles partiraient à la dérive dans l'espace. Il s'agit d'une violation évidente de la relativité restreinte, où rien – pas même la gravité – ne peut dépasser la **vitesse de la lumière**. En fait, la lumière solaire atteint la Terre en **8,3 minutes** ; aucun changement dans la force gravitationnelle du Soleil ne peut se manifester plus vite. Einstein comprit alors que la version générale de la relativité entraînerait une remise en cause de la loi de Newton.

Le principe d'équivalence

Très tôt dans l'**élaboration** de la théorie de la relativité générale, Einstein se rendit compte que ces deux concepts étaient intimement liés : la gravitation et l'accélération étaient **équivalentes**. Un sujet enfermé dans une caisse, soumise à une accélération qui la ramène vers le plancher, ne saurait dire si cette accélération est due à un champ gravitationnel dans lequel la caisse serait suspendue (le genre d'accélération qui vous colle à votre siège en ce moment même), ou si elle est causée parce que la caisse elle-même prend de la vitesse (le genre d'accélération qui vous pousse vers l'arrière dans un avion au décollage). Einstein nomma cette découverte le **principe d'équivalence**.

En 3 secondes

Comprenant que la relativité restreinte, telle quelle, est incomplète, Einstein entreprend le voyage intellectuel le plus ardu mais aussi le plus enrichissant de sa vie.

Sujets connexes

voir aussi
LA RELATIVITÉ RESTREINTE
page 76
LA RELATIVITÉ GÉNÉRALE
page 82

« L'idée la plus heureuse de ma vie. »

CELLE D'AVOIR COMPRIS QUE GRAVITATION ET ACCÉLÉRATION S'ÉQUIVALENT

Sir Isaac Newton

La relativité générale

La courbure de l'espace-temps

Dès 1912, Einstein savait qu'une manière d'arriver à sa nouvelle théorie serait de courber l'**espace-temps** plat de la relativité restreinte. Après tout, la gravitation fait fléchir la trajectoire des objets qui traversent l'espace. Einstein le comprit en s'intéressant au comportement d'un simple disque en rotation. La rotation est une forme d'accélération (c'est l'accélération à l'intérieur d'une machine à laver qui fait que vos vêtements collent à la paroi). En raison de l'**effet de contraction de Lorentz**, plus le disque tourne vite, plus sa circonférence extérieure rétrécit ; toutefois, le rayon reste le même. La seule explication est que le disque se déforme comme une assiette. L'espace et le temps semblaient donc réellement **courbés**.

En 3 secondes

Einstein utilise les mathématiques des espaces courbes afin de transformer la relativité restreinte en un nouveau modèle gravitationnel dans lequel la masse et l'énergie déforment l'espace-temps.

Le tenseur d'Einstein

Mais comment Einstein allait-il introduire ces facteurs géométriques dans sa théorie mathématique ? Avec l'aide de **Marcel Grossman**, il se tourna vers une branche des maths développée par l'Allemand Bernhard Riemann. Appelée **géométrie différentielle**, elle utilise des équations qui permettent d'établir un rapport entre différents points sur une surface courbée de façon arbitraire. Elle le fait à l'aide d'une entité mathématique appelée tenseur, un ensemble bidimensionnel de nombres – un peu comme une matrice – qui donne la distance entre deux points quelconques de l'espace. Procédant par essai et erreur, Einstein finit par trouver un **tenseur** qui décrivait la courbure gravitationnelle de l'espace et qui fut baptisé « tenseur d'Einstein ».

Sujets connexes

voir aussi

LES FONDEMENTS DE LA RELATIVITÉ RESTREINTE
page 74

LA RELATIVITÉ RESTREINTE
page 76

L'équation de champ

Tout ce qu'il restait à faire était d'établir un pont entre le tenseur d'Einstein et le contenu de l'espace-temps : la matière qui génère le champ gravitationnel dont nous parlons. Pour la relativité générale, il fallut faire appel à un autre tenseur. Ses composantes tiennent compte non seulement de la quantité de masse présente, mais aussi de l'**énergie** (par exemple, le rayonnement), comme on pouvait s'y attendre étant donné $E=mc^2$. Elles tiennent compte également de la **quantité de mouvement**, de la pression et des contraintes présentes dans la matière. L'équation de champ d'Einstein, qui constitue l'**élément central** de la relativité générale, se résume à une simple formule liant ce tenseur dit « énergie-impulsion » au tenseur d'Einstein.

« La théorie est d'une beauté incomparable. »

Courbure de
l'espace-temps

La course à la relativité

David Hilbert

En juin 1915, Einstein donna une série de conférences sur sa théorie en gestation à l'**Université de Göttingen**, en Allemagne. Dans l'auditoire se trouvait David Hilbert, un brillant mathématicien. Einstein peinait à découvrir la forme ultime de son équation de champ, et Hilbert, intrigué, se mit à l'étudier assidûment. Il trouva une **erreur dans le premier jet de la théorie** et entreprit de la corriger. Informé de la percée de Hilbert, Einstein redoubla d'efforts, travaillant jour et nuit pour mener sa tâche à bien. Au bout du compte, les deux hommes arrivèrent aux bonnes équations presque en même temps, en **novembre 1915**. D'aucuns pensent même que Hilbert y serait parvenu en premier, bien qu'il n'ait jamais prétendu être l'auteur de la théorie et qu'il ait attribué tout le mérite à Einstein.

En 3 secondes

Einstein est talonné dans la recherche de l'équation de champ de la relativité générale et il travaille d'arrache-pied pour y parvenir en premier.

L'action d'Einstein-Hilbert

Einstein et Hilbert suivirent des chemins mathématiques très différents. Einstein essayait des **équations de champ** qu'il jugeait plausibles et vérifiait si elles donnaient les mêmes résultats dans tous les systèmes de coordonnées, de manière à préserver le principe de relativité qui lui était si cher. Hilbert, pour sa part, décida d'adopter une **approche plus systématique** en dérivant les équations directement, à partir de ce qu'on appelle une « action » : une mesure de l'énergie enfermée dans un système. Il est possible de trouver les équations de mouvement pour un système donné en exigeant que son action soit réduite au minimum – ce qui revient à dire que la nature emprunte le **chemin de moindre résistance**. Et c'est ce que Hilbert a fait. L'action liée à la relativité générale s'appelle aujourd'hui l'action d'Einstein-Hilbert.

Sujets connexes

voir aussi
BERNE
page 32
LA RELATIVITÉ GÉNÉRALE
page 82

Henri Poincaré

Pour Einstein, toute cette histoire devait avoir un air de déjà-vu. Dix ans auparavant, alors qu'il développait la relativité restreinte, il s'était presque fait damer le pion par le mathématicien français **Henri Poincaré**. Mathématiquement parlant, Poincaré l'avait devancé. Mais il n'avait pas su reconnaître le portrait révolutionnaire de l'espace et du temps que ses équations lui présentaient. Il a fallu à Einstein beaucoup d'**intuition** en tant que physicien pour y parvenir, et c'est pourquoi on accorde à Einstein, à juste titre, la paternité de la théorie.

« Le système que vous fournissez correspond exactement à ce que j'ai trouvé et présenté à l'Académie. »

LETTRE À DAVID HILBERT

welche Allgemeinheit als gültig vermutet wurde, entwic[illegible]
19. Jahrhundert wesentlich als eine Folge eines Satzes der
Mechanik. Ein Pendel, dessen Masse zwischen
A und B hin und her schwingt.
B) verschwindet die Geschwindigkeit
Masse steht um h höher als
im Punkte C der Bahn. In C

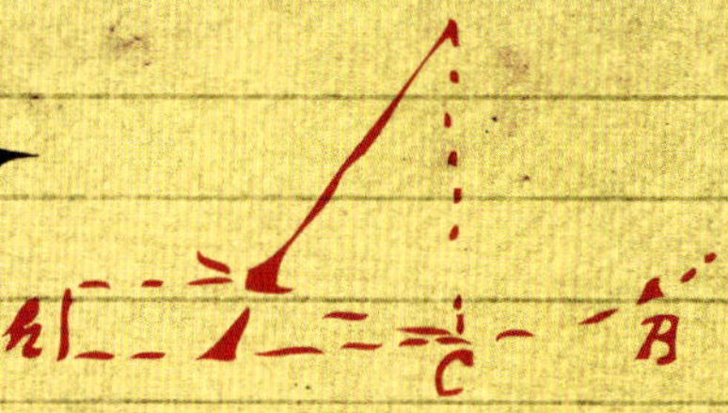

[illegible] verloren gegangen; dafür aber hat die Masse [illegible]
heit v. Es ist, wie wenn sich Hubhöhe in Geschwindig-
keit restlos verwandeln könnten. Die exakte Bezie[illegible]

$$mgh = \frac{m}{2}v^2,$$

bedeutet. Das Inte[illegible]
[illegible] Lage [illegible] der Erdschwere [illegible] unabhängig ist von der Länge
dass diese Beziehung unabhängig von der Form der Bahn, in welcher die M[illegible]
[illegible] Interpretation: Es gibt ein etwas (— nämlich die Energie) [illegible]
des Vorgangs erhalten bleibt. In A ist die Energie [illegible]
[illegible] „potentielle Energie" in C eine Energie der Be[illegible]
[illegible] oder Auffassung das Wesen der Sache
„Energie". Wenn diese [illegible] die Summe
richtig erfasst, so muss die Summe

$$mgh + m\frac{v^2}{2}$$

alle Zwischenlagen denselben Wert haben, [illegible] beliebigen

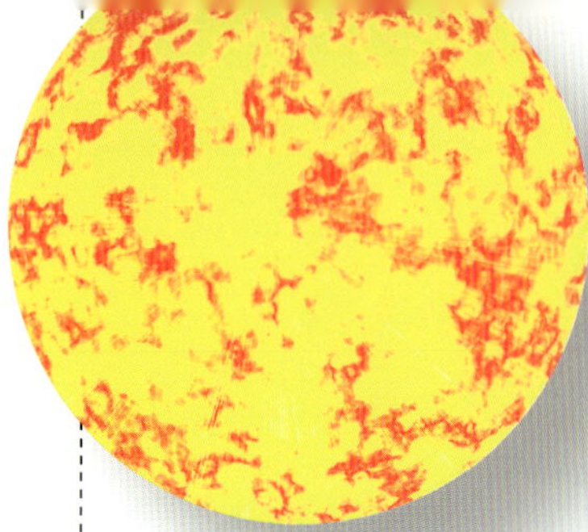

Les conséquences de la relativité générale

Le nouveau système solaire

La relativité générale transforma complètement la perception de la gravitation par les physiciens. Plutôt que de l'envisager comme une **force** échangée directement entre deux corps de très grande masse, la gravitation devenait un mécanisme capable de modeler le paysage de l'espace-temps dans lequel ces objets se meuvent. Le Soleil ne tire plus directement sur les planètes du **système solaire** pour les maintenir sur leurs orbites respectives. Les planètes ne font que se déplacer dans l'espace alors que la masse du Soleil déforme cet espace : un chemin droit devient un **circuit en boucle**.

En 3 secondes

La relativité générale présente de sérieuses conséquences pour la physique théorique. L'univers newtonien est complètement chamboulé. Einstein jubile.

Le décalage d'Einstein

La relativité générale a aussi des **conséquences moins évidentes**. Dans la théorie d'Einstein, la gravitation agit sur la lumière autant que sur la matière, ce qui veut dire qu'un rayon de lumière perd de l'énergie en s'échappant d'un champ gravitationnel. Parce que l'énergie d'un rayon lumineux est directement proportionnelle à sa fréquence, un rayon **de haute fréquence** (comme la lumière bleue) est décalé vers une fréquence plus basse (c'est-à-dire vers le rouge) à mesure qu'il s'échappe. C'est pourquoi cet effet fut baptisé « décalage d'Einstein ». Un phénomène analogue fait aussi en sorte que les horloges avancent moins vite dans un champ gravitationnel. Tout comme un mouvement rapide entraîne une dilatation du temps en relativité restreinte, l'accélération exercée sur un objet par la gravitation entraîne un **effet de dilatation du temps**.

Sujets connexes

voir aussi

LA RELATIVITÉ RESTREINTE
page 76

LES FONDEMENTS DE LA RELATIVITÉ GÉNÉRALE
page 80

L'effet Lense-Thirring

L'espace-temps et la matière se joignent parfois de drôles de manières. Il existe un phénomène appelé **effet Lense-Thirring** par lequel des objets en rotation semblent traîner l'espace et le temps avec eux – un peu comme une cuiller dans un pot de mélasse qui, lorsqu'on la tourne, entraîne la mélasse avec elle. Comme son nom l'indique, cet effet fut dérivé à partir de la théorie d'Einstein par deux physiciens autrichiens, **Josef Lense** et **Hans Thirring**, en 1918. En 1921, Einstein se fonda à son tour sur leur analyse afin d'attester une autre conséquence du phénomène : l'inertie d'un corps (sa résistance au mouvement) croît en fonction de la quantité de matière qui se trouve à proximité. Cette déduction lui paraissait très importante, puisqu'elle semblait prouver que sa théorie incorporait le **principe de Mach**, ce qu'il avait espéré dès le tout début.

« Si on savait ce qu'on faisait, on n'appellerait pas ça de la recherche, pas vrai ? »

Le système solaire

La galaxie du Tourbillon

Les preuves de la relativité

La désintégration des particules

La relativité restreinte se voit confirmée par les **accélérateurs de particules**, qui propulsent des particules subatomiques à des vitesses approchant celle de la lumière et qui les font éclater par des **collisions** pour mieux comprendre leur fonctionnement interne. Certains des fragments qui résultent de ces collisions se désintègrent naturellement en d'autres particules, selon des intervalles de temps très précis. Mais lorsque ces fragments se déplacent à très grande vitesse, ce qui est le cas dans un accélérateur de particules, ces intervalles se trouvent radicalement déformés par la dilatation du temps. Les **périodes de désintégration** mesurées dans les accélérateurs ne cessent de reproduire avec exactitude les prédictions de la relativité quant à la distorsion du temps.

L'orbite de Mercure

Les planètes tournent autour du Soleil sur des **orbites elliptiques** bien précises. Hormis Mercure, qui voyage sur une ellipse qui semble elle-même tourner autour du Soleil, traçant un motif de rosace. Il s'agit du problème de la **précession du périhélie** de Mercure. Certains astronomes avaient suggéré la présence d'une planète encore inconnue cachée derrière l'orbite de Mercure, baptisée **Vulcain**, qui aurait dérangé la trajectoire de Mercure par son influence gravitationnelle. Toutefois, lorsqu'on réexamina l'orbite de Mercure à la lumière de la relativité générale, il devint évident que Vulcain était superflue : la théorie d'Einstein expliquait très bien la précession du périhélie de Mercure.

La déviation de la lumière

Le test ultime de la relativité générale est la **déviation de la lumière des étoiles** par la gravitation du Soleil. Cette déviation fut mesurée pour la première fois en 1919 par l'astronome anglais **Sir Arthur Eddington**. L'angle de déviation attendu était minuscule : environ 1,7 seconde d'arc (une seconde d'arc vaut 1/3600 de degré). Une étoile dont la position serait décalée d'aussi peu resterait oblitérée par l'éclat aveuglant du Soleil. C'est pourquoi les astronomes attendirent une **éclipse totale**. En 1919, une telle occasion se présenta, et Eddington mena une expédition à l'île de Principe, au large de l'Afrique de l'Ouest, qui se trouvait dans la trajectoire de l'éclipse. Le temps était mauvais, mais grâce à des éclaircies, Eddington obtint les clichés qu'il recherchait. En les analysant, il constata que ses résultats correspondaient exactement aux prédictions de la relativité.

En 3 secondes

À hypothèse extraordinaire, preuves extraordinaires. C'est le cas de la relativité. Même si, avant même l'accumulation des preuves, Einstein sut qu'il avait raison.

Sujets connexes

voir aussi

LA RELATIVITÉ RESTREINTE
page 76

L'ASTROPHYSIQUE
page 136

« Si les faits ne correspondent pas à la théorie, changez les faits. »

Collision de particules

Sir Arthur Eddington

Les prolongements de la relativité générale

Les lentilles gravitationnelles

Les mesures effectuées par Eddington en 1919, montrant la déviation des rayons lumineux près du Soleil, prouvaient la déformation de l'espace par la gravitation. En 1936, Einstein découvrit que la lumière ayant traversé l'Univers à partir de **corps célestes lointains** pouvait être déviée par l'effet gravitationnel d'objets situés en avant-plan. Ce phénomène pouvait, selon lui, s'avérer utile pour les astronomes, puisque la déviation entraînée par l'objet d'avant-plan reproduisait l'effet d'une lentille de télescope, grossissant l'image de l'astre lointain. Le premier exemple de ce phénomène de **lentille gravitationnelle** fut découvert en 1979 quand les astronomes comprirent que le Double Quasar dans la constellation de la Grande Ourse était en vérité une image dédoublée du même objet.

En 3 secondes

Einstein démontre que la relativité générale produit des ondulations dans l'espace et qu'elle permet aux astronomes de se servir de la gravitation à la manière d'un télescope géant.

Les ondes gravitationnelles

L'électromagnétisme de Maxwell prédit l'existence d'**ondes électromagnétiques** (la lumière et les ondes radio en sont). De même, Einstein montra que la relativité générale autorise les ondes gravitationnelles (des ondulations dans la courbure de l'espace-temps qui se manifesteraient par de brèves oscillations de la force gravitationnelle causées par leur passage). Elles sont générées par des **sources gravitationnelles en accélération**, et même là, semblent très faibles. Personne n'a encore détecté une onde gravitationnelle, même si plusieurs observatoires furent construits exprès. Toutefois, l'observation d'un **système binaire d'étoiles à neutrons** dans la constellation de l'Aigle a montré que les deux étoiles s'unissent graduellement au rythme auquel on s'attendrait si des ondes gravitationnelles « volaient » une certaine quantité d'énergie au système.

Sujets connexes

voir aussi
LA THÉORIE DES CHAMPS UNIFIÉS
page 100
L'ASTROPHYSIQUE
page 136

La théorie d'Einstein-Cartan

En 1922, le mathématicien français **Élie Cartan** proposa de modifier la relativité générale afin d'inclure la torsion – c'est-à-dire les **forces de rotation** – dans le tenseur énergie-impulsion qui décrit la source du champ gravitationnel. Le formalisme mathématique de Cartan était tout à fait en accord avec l'idée du spin quantique. Einstein adopta une approche similaire dans sa **théorie du téléparallélisme** en 1928. Ni le téléparallélisme ni la théorie d'Einstein-Cartan n'obtinrent le succès escompté à l'époque. Récemment, toutefois, la théorie d'Einstein-Cartan a suscité l'intérêt de chercheurs qui tentent de réunir relativité générale et théorie quantique. Son traitement du spin la rendrait particulièrement propice à la quantification.

« La vie, c'est comme la bicyclette. Pour garder l'équilibre, il faut toujours avancer. »

Lentilles gravitationnelles

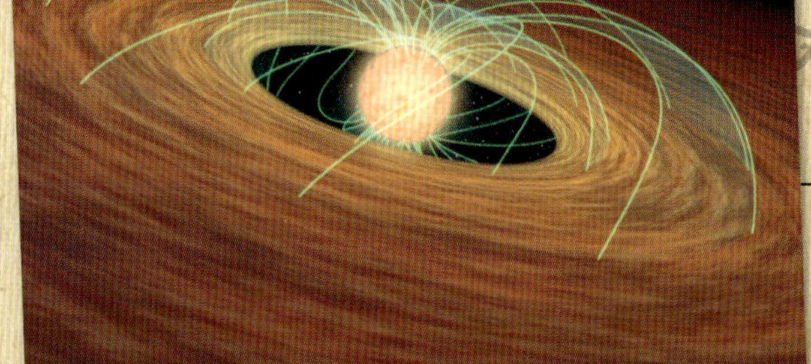

Rotation d'une étoile

Les trous noirs

Des étoiles sombres

La relativité générale a pu expliquer le phénomène selon lequel la gravitation est tellement forte dans certaines régions de l'espace que même la lumière ne peut s'en échapper. Les premiers calculs d'Einstein en relativité générale se fondaient sur des approximations. Mais en 1917, le physicien allemand **Karl Schwarzschild** produisit la première solution exacte, une description du champ gravitationnel qui entoure un **amas de matière stationnaire**. La solution de Schwarzschild prédit que si la matière est comprimée dans un certain espace (le « rayon de Schwarzschild »), elle devient si dense que sa gravité peut empêcher les rayons lumineux d'en sortir. De tels objets ont reçu le nom de **trous noirs**.

Horizons et singularités

Numériquement, le **rayon de Schwarzschild** se traduit par la formule $2Gm/c^2$, où « c » est la vitesse de la lumière, « G » la constante gravitationnelle de Newton et « m » la masse. Le rayon de Schwarzschild associé au Soleil est seulement de 3 km. Si l'on pouvait faire rentrer le Soleil dans un espace aussi restreint (et il existe des phénomènes physiques permettant de comprimer le noyau des étoiles : l'explosion des supernovas, par exemple), il en résulterait un trou noir. La limite extérieure du trou (égale au rayon de Schwarzschild) a été baptisée **horizon des événements**. Parce que même la lumière ne peut s'échapper de l'horizon des événements, et que rien ne voyage plus vite que la lumière, tout ce qui traverse l'horizon ne peut jamais revenir. La matière et le rayonnement sont inéluctablement entraînés vers le centre du trou où ils sont écrasés en un point de densité infinie appelé « singularité ».

Les trous de ver

Einstein n'aimait pas l'idée que des quantités physiques puissent devenir infinies, comme c'est le cas dans la singularité au cœur du trou noir. En 1935, avec **Nathan Rosen**, il trouva un moyen de sortir de l'impasse. Les équations de Schwarzschild demeuraient valides si la distance « r » à partir du centre du trou noir était remplacée par « - r ». Einstein et Rosen se demandèrent s'il était possible de passer à travers la singularité et d'aboutir dans une nouvelle région de l'espace, une région dont les coordonnées seraient négatives. Leur solution, baptisée **pont d'Einstein-Rosen,** est mieux connue aujourd'hui sous le nom de **trou de ver**.

En 3 secondes

Il apparaît bientôt que la relativité admet l'étrange possibilité qu'il puisse exister des trous dans l'espace. Einstein découvre comment voyager à travers eux.

Sujets connexes

voir aussi

PLUS VITE QUE LA LUMIÈRE
page 128

L'ASTROPHYSIQUE
page 136

« L'imagination est plus importante que la connaissance. La connaissance est limitée. »

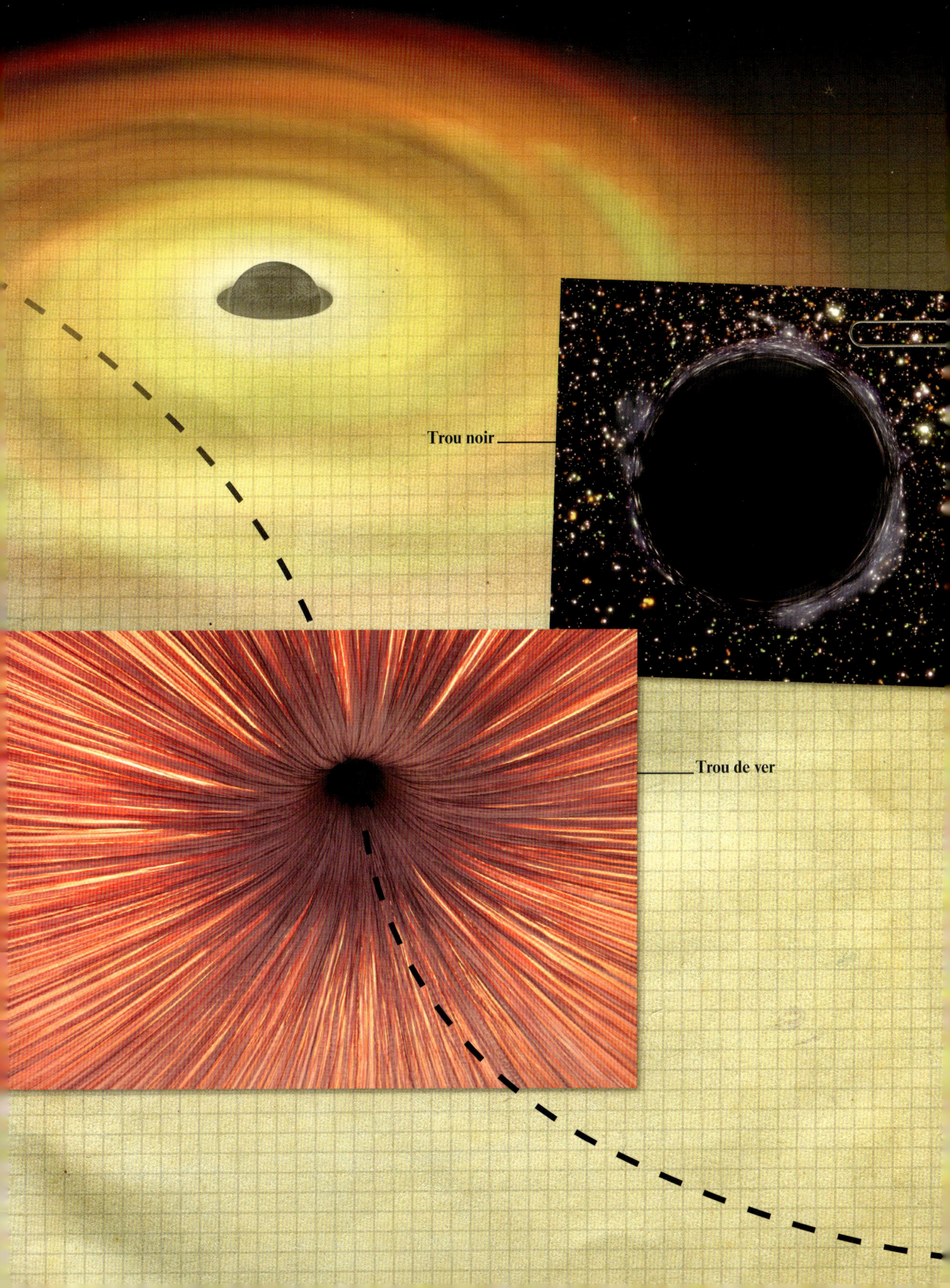
Trou noir
Trou de ver

La mécanique statistique

Le mouvement brownien

Le **mouvement aléatoire** que suivent les particules en suspension dans un fluide (un gaz ou un liquide) s'appelle le mouvement brownien, du nom du botaniste **Robert Brown**, qui observa ce type d'agitation dans des particules de poussière microscopiques à l'intérieur des grains de pollen. En 1905, Einstein conçut une théorie permettant d'expliquer le mouvement brownien des particules par des collisions aléatoires avec les atomes du fluide. Même si l'atome pris individuellement est trop petit pour influencer le mouvement d'une particule de poussière, les variations aléatoires du nombre d'atomes qui la heurtent de toutes parts sont bel et bien la cause de son agitation. Le modèle d'Einstein fournit une explication mathématique convaincante du mouvement brownien et une première preuve concrète de l'**existence des atomes**.

En 3 secondes

Einstein tempère provisoirement son aversion pour le monde quantique et applique les lois de l'infiniment petit afin de mieux comprendre la physique à plus grande échelle.

La statistique de Bose-Einstein

Pour son article sur le mouvement brownien, Einstein s'était servi de la **théorie cinétique**, qui nous dit que les propriétés macroscopiques des gaz et des liquides (la température et la pression) sont causées par le mouvement de leurs atomes et de leurs molécules. La théorie cinétique est l'ancêtre de la toute-puissante « mécanique statistique », qui déduit de l'étude des particules les propriétés moyennes, ou « extensives », de la matière. En 1924, le physicien indien **Satyendra Nath Bose** publia l'une des premières théories de mécanique statistique tenant compte des nouvelles lois de la théorie quantique. L'analyse de Bose s'appliquait uniquement aux photons, les particules de lumière. Einstein comprit qu'elle pouvait englober les molécules de gaz dont le spin quantique est semblable à celui du photon. Cette théorie prit le nom de « statistique de Bose-Einstein ».

Sujets connexes

voir aussi
LA THERMODYNAMIQUE
page 70
LES CONSÉQUENCES DE LA RELATIVITÉ RESTREINTE
page 78
LES ACCÉLÉRATEURS DE PARTICULES
page 120

Les condensats de Bose-Einstein

L'une des conséquences de la théorie est qu'un gaz formé de bosons (les particules régies par la statistique de Bose-Einstein), suffisamment refroidi, peut subitement descendre au plus bas niveau d'énergie permis par la théorie quantique, ce qu'on appelle l'état fondamental. Lorsque cela se produit, toutes les particules se déplacent de concert, comme une seule grosse particule, obéissant aux lois quantiques. C'est ce qu'on appelle un **condensat de Bose-Einstein**.

« Les corps d'un ordre de magnitude de 1/1000 mm en suspension dans les liquides suivent un mouvement aléatoire : le mouvement brownien. »

Atome d'hélium
Noyau d'hélium
Robert Brown
Atome de néon

Le monde quantique

Dieu ne joue pas aux dés

La théorie quantique est cette branche de la physique qui régit le **comportement des atomes** et des molécules. Einstein l'avait en horreur à cause de l'incertitude qu'elle induisait. Selon la théorie quantique, on ne peut jamais connaître les détails exacts d'une particule à un moment précis, seulement la **probabilité** de la trouver dans un état ou dans un autre.

Le paradoxe EPR

En 1935, Einstein publia, avec **Nathan Rosen** et **Boris Podolsky**, une expérience de pensée de première importance. Selon une conception répandue de la théorie quantique, appelée **interprétation de Copenhague**, les particules existent dans un état indéterminé jusqu'à ce qu'elles soient observées. Certaines particules subatomiques, en se désintégrant, se scindent en deux nouvelles particules. Chacune des deux aura nécessairement une valeur de spin opposée à l'autre – cette propriété, le spin, n'a que deux valeurs : *up* ou *down*. Le spin de chaque particule n'est pas connu jusqu'à ce qu'une mesure soit effectuée, mais les particules demeurent liées de sorte que, sitôt que le spin de la première est mesuré, le spin de l'autre se trouve immédiatement fixé. Einstein fit remarquer que, selon cette « action fantôme à distance », il était possible de connaître l'état d'une particule sans l'avoir effectivement mesuré, ce qui contredisait l'interprétation de Copenhague. Cette expérience de pensée prit le nom de paradoxe Einstein-Podolsky-Rosen (EPR) et donna plus tard naissance à l'**intrication quantique**.

Le chat d'Einstein

La même année, le physicien **Erwin Schrödinger** imagina une autre expérience de pensée quantique. Un chat est enfermé dans une boîte avec un flacon de poison relié à un marteau et une **substance radioactive**. Si cette dernière se désintègre, le marteau tombe, le poison se répand et le chat meurt. Autrement, il vit. Si l'on en croit l'interprétation de Copenhague, avant qu'une mesure soit prise, l'incertitude signifie que la substance est à la fois désintégrée et non désintégrée. Avant d'ouvrir la boîte, le chat est en même temps mort et vivant. Cette expérience de pensée bien connue est celle du **chat de Schrödinger**. Ce que l'on sait moins, c'est qu'elle fut inspirée par une **lettre d'Einstein** dans laquelle le physicien imaginait un tas de poudre à canon dont le détonateur serait l'incertitude quantique, et qui aurait explosé tout en n'ayant pas explosé.

En 3 secondes

Même s'il fut l'un des premiers concepteurs de la théorie quantique, Einstein avait un rapport d'amour-haine avec les aléas du monde subatomique.

Sujets connexes

voir aussi

LA STRUCTURE DE LA MATIÈRE **page 66**

LA NATURE DE LA LUMIÈRE **page 68**

L'INTRICATION QUANTIQUE **page 122**

« Plus la théorie quantique connaît de succès, plus elle semble ridicule. »

La cosmologie

Un Univers sphérique

« Où finit l'espace ? » En 1917, Einstein se servit de la relativité pour tenter d'offrir une réponse – ou plutôt, contourner la question. Parce que si Einstein a raison, l'espace ne se termine nulle part : il n'a pas de frontières. Tout comme il est insensé de demander où se termine la Terre dès que l'on comprend qu'elle est sphérique, Einstein suggéra la possibilité pour la relativité générale de courber tout l'espace de l'Univers en une **sphère cosmique** géante qui n'aurait aucune limite. Bien sûr, l'Univers n'est pas une sphère bidimensionnelle comme notre planète. Il est sphérique dans les **trois dimensions**. Si vous regardiez suffisamment loin dans le vide – la direction n'a pas d'importance – à l'aide d'un **télescope** ultra-puissant, c'est l'arrière de votre tête que vous verriez dans l'oculaire.

En 3 secondes

Einstein applique sa relativité générale à l'Univers entier. Ses calculs montrent que l'espace est sphérique, isolé et qu'il a surgi du néant.

Et à l'extérieur ?

Mais si l'Univers a la forme d'une sphère, qu'y a-t-il à l'extérieur ? Après tout, nous savons qu'il y a tout un univers d'espace au-delà de la sphère terrestre. Qu'y a-t-il **au-delà de l'Univers** ? La réponse, si l'on en croit la relativité générale est : rien. Pas même de l'espace vide, mais **absolument rien** : pas d'espace, pas de temps, pas de matière, pas d'énergie. Rien. C'est parce que, en relativité, nos trois dimensions spatiales et la dimension temporelle constituent tout ce qui existe. Contrairement à la Terre qui, on le sait, est l'une des nombreuses planètes qui **occupent l'espace**, notre Univers est unique (selon ce que nous savons, du moins) et à l'extérieur, il n'y a rien.

Sujets connexes

voir aussi
LES TROUS NOIRS
page 92
LA COSMOLOGIE MODERNE
page 138

Créé à partir de rien

On raconte qu'Albert Einstein traversait la rue quand cette révélation le frappa. Avec un collègue, l'éminent physicien russe **George Gamov**, il se promenait dans les rues de Princeton. Un des étudiants de Gamov avait calculé que, si la masse d'une étoile est concentrée en un point, l'**énergie nette** de l'étoile devient nulle, parce que l'énergie de masse de l'étoile est rigoureusement égale et opposée à l'énergie emprisonnée dans son champ gravitationnel. En entendant cela, Einstein se serait alors arrêté net, obligeant plusieurs voitures à le contourner. Le grand scientifique venait de se rendre compte que le même principe pouvait s'appliquer à l'Univers tout entier. L'énergie de toutes ses planètes, étoiles et galaxies correspond exactement à son énergie gravitationnelle : notre cosmos a donc pu **commencer son existence** en surgissant du néant.

« Seules deux choses sont infinies, l'Univers et la stupidité humaine ; mais pour la première, je ne suis pas sûr. »

C
H
B
G
F
F
G
E
U
S
T
Q
Q
Q
a
a
a

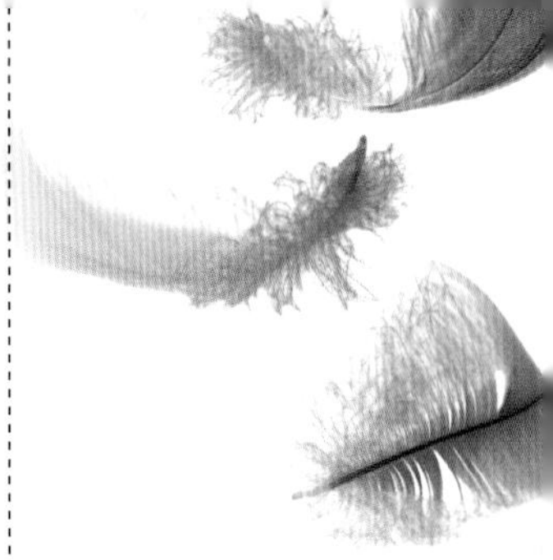

La théorie des champs unifiés

Une force pour les gouverner toutes

Après le triomphe de la relativité, Einstein se pencha sur une question qui le **consuma** pour le restant de sa vie : trouver une description consolidée de la physique, appelée **théorie des champs unifiés**. À l'époque, seules deux forces de la nature étaient connues : la gravitation et l'électromagnétisme. Aujourd'hui, il y en a quatre, deux forces supplémentaires – la force nucléaire forte et la force nucléaire faible – s'étant ajoutées dans les années 1950. L'objectif d'Einstein était donc d'unifier la gravitation et l'électromagnétisme. Au cours des années 1920 et 1930, chaque fois qu'il présentait un modèle d'unification, les journaux annonçaient en gros titres une nouvelle compréhension du **cosmos** ; mais une faille ne manquait jamais d'apparaître et son idée était invalidée.

En 3 secondes

Einstein passa la moitié de sa vie en quête d'une description unifiée des forces de la nature. Encore aujourd'hui, les physiciens ne peuvent dire si une telle théorie existe.

La théorie de Kaluza-Klein

La **théorie de Kaluza-Klein** inspira Einstein dans sa quête. Le mathématicien allemand Theodor Kaluza en jeta les bases en 1919, et le physicien suédois Oskar Klein compléta ses efforts. Au cœur de la théorie se trouve l'idée d'un espace-temps à **cinq dimensions**. La gravitation agit dans les quatre dimensions habituelles, tandis que les interactions qui ont lieu dans la cinquième expliquent l'électromagnétisme. La grande contribution de Klein fut d'expliquer pourquoi nous ne percevons pas la cinquième dimension : enroulée sur elle-même, elle serait cachée. La taille de cette cinquième dimension serait régie par une particule supplémentaire prédite par la théorie, le **radion**. Même si des lacunes apparurent plus tard dans la théorie de Kaluza-Klein, elle demeure un héritage important pour la physique théorique d'aujourd'hui, notamment pour la **théorie des cordes**.

Sujets connexes

voir aussi

LES TENTATIVES D'UNIFICATION
page 118

LES ACCÉLÉRATEURS DE PARTICULES
page 120

La physique est-elle vraiment unifiée ?

Certains scientifiques ont du mal à croire qu'une véritable théorie des champs unifiés – souvent appelée **théorie du Tout** dans le jargon moderne – puisse un jour être trouvée. Quelques-unes des forces furent néanmoins unifiées. Dans les années 1970, la théorie électrofaible permit de réunir la force nucléaire faible et l'électromagnétisme. D'autres progrès encourageants permettent d'envisager l'inclusion de la force nucléaire forte. Mais la gravitation, si chère à Einstein, refuse de se joindre à la fête. Ainsi Einstein, sans doute le plus grand physicien de tous les temps, aura consacré une bonne partie de sa vie à ce qui est peut-être une entreprise stérile.

« Il n'y a pas de destin plus juste pour une théorie physique que celui d'amener à une théorie plus complète dans laquelle elle fait figure de cas particulier. »

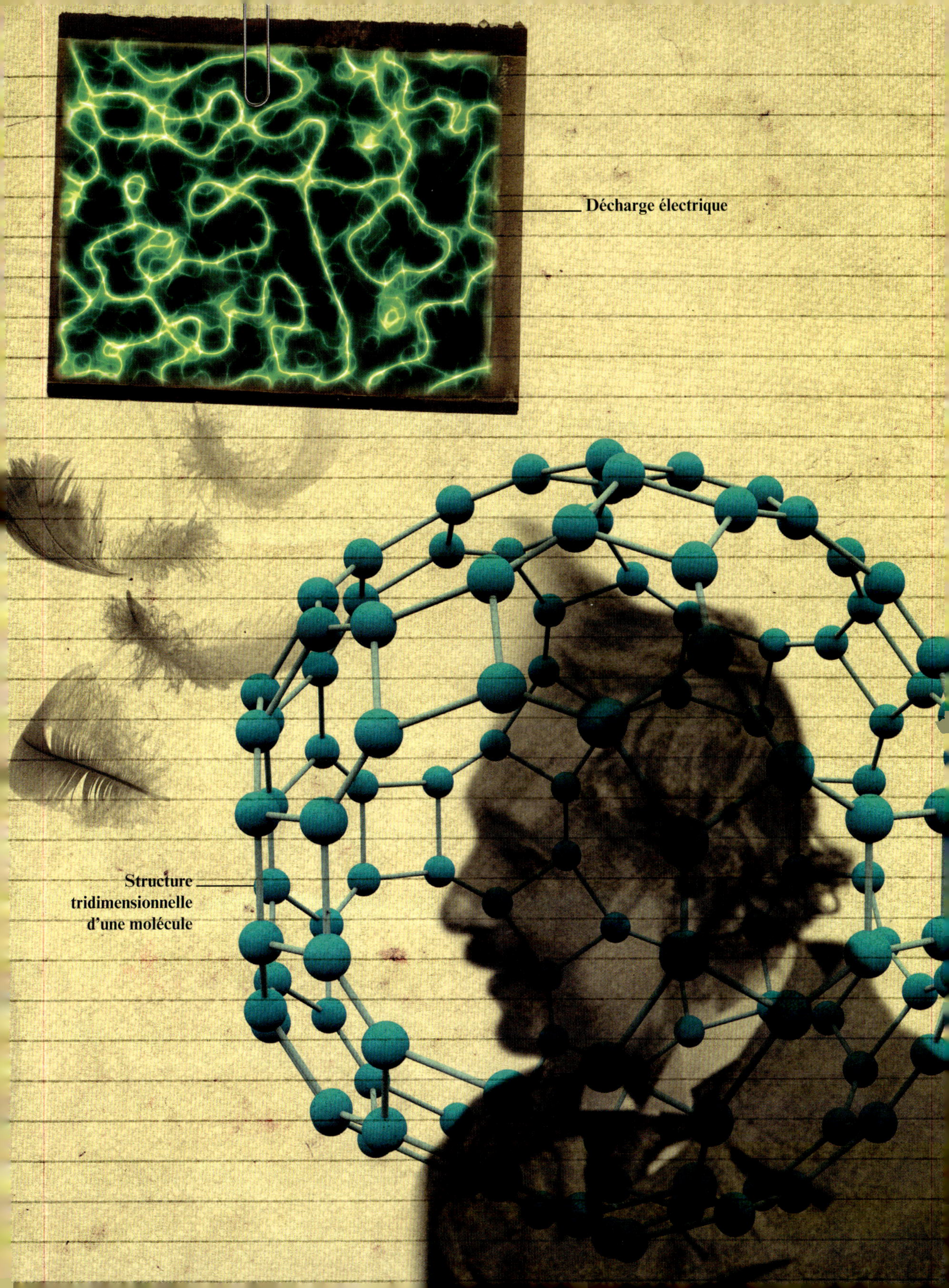
Décharge électrique
Structure tridimensionnelle d'une molécule

La philosophie d'Einstein

La force de l'image

Einstein aimait penser en images. Ses **idées visuelles** et son intuition donnèrent lieu à ses premières découvertes. Le germe de la relativité restreinte fut d'imaginer ce que l'on verrait si l'on circulait à bicyclette à côté d'un rayon de lumière. De même, la relativité générale lui fut révélée par une expérience de pensée qui le mena au **principe d'équivalence**. Les mathématiques, instrument de prédilection pour la plupart des **physiciens théoriciens**, ne furent pour Einstein qu'un moyen de parvenir à une fin : prouver à ses collègues ce dont il s'était lui-même convaincu visuellement. Plus tard, Einstein délaissa néanmoins l'approche visuelle, après que les mathématiques et la **preuve par force brute** l'eurent aidé à finaliser la relativité générale. Cet abandon de la pensée visuelle explique peut-être en partie le faible nombre de grandes découvertes qu'il réalisa dans la seconde moitié de sa vie.

Le raisonnement par déduction

La méthode de travail privilégiée par Einstein consistait à se servir de son **intuition** pour arriver à de grands principes d'ensemble, puis de calculer leurs conséquences. Dans le cas de la relativité restreinte, ce fut le principe de relativité et la constance de la vitesse de la lumière ; pour la relativité générale, le principe d'équivalence et la notion liant la gravitation aux déformations de l'espace-temps. Un philosophe dirait qu'Einstein favorisait le **raisonnement par déduction** : partant du principe, il en déduisait les conséquences. C'est tout le contraire du raisonnement par induction, **modus operandi** de nombreux autres scientifiques qui passent des données au peigne fin pour tenter d'en tirer des conclusions.

Le positivisme

Le jeune Einstein était indéniablement **positiviste** : il s'intéressait seulement aux aspects observables de la nature. Les théories non vérifiables par l'expérience ne l'intéressaient pas, et c'est sans doute ce qui explique en partie son rejet de certaines notions, dont l'**espace absolu** de Newton. Il devint par la suite un peu moins strict à cet égard, mû peut-être par la nécessité de faire échec à la mécanique quantique, en devenant partisan d'un modèle différent appelé la **théorie des variables cachées**. Jusque dans les années 1960, cette théorie était considérée comme invérifiable.

En 3 secondes

L'intuition, les expériences de pensée, la déduction logique et l'importance des preuves concrètes guidaient Einstein dans sa réflexion.

Sujets connexes

voir aussi

LES FONDEMENTS DE LA RELATIVITÉ RESTREINTE
page 74

LES FONDEMENTS DE LA RELATIVITÉ GÉNÉRALE
page 80

L'ERREUR D'EINSTEIN
page 104

« L'homme de science est un piètre philosophe. »

Dampfmaschinchen denken, das Du mir mitbrachtest, als Du einmal von Russland kamst. Es hat so ausgesehen:

Kannst Du Dich noch daran erinnern? Dann, als Du in München mit Deiner schlanken und schelmischen jungen Frau bei uns warst, und endlich, als ich Dich nach langen Jahren, kurz vor der Verheiratung Deiner Susanne in Antwerpen

L'erreur d'Einstein

Des variables cachées

Le plus grand faux pas d'Einstein, qu'il n'avoua d'ailleurs jamais, fut son refus de croire aux interprétations de la théorie quantique. Il fit néanmoins une exception pour la théorie des variables cachées. Einstein détestait la nature indéterminée de la théorie quantique ordinaire, où des systèmes quantiques apparemment identiques se comportent de façon radicalement différente. Dans la théorie des variables cachées, des paramètres permettent de différencier des systèmes apparemment identiques ; seulement, ces paramètres sont cachés, créant l'**illusion** d'un système indéterminé. Le physicien irlandais **John Bell** montra plus tard que, si la théorie des variables cachées était valide, il fallait respecter certaines inégalités mathématiques. Or, en 1982, le physicien français **Alain Aspect** réalisa une expérience historique, prouvant que les inégalités de Bell étaient violées. La théorie des variables cachées est donc fausse.

En 3 secondes

Einstein fit l'erreur de rejeter la théorie quantique, que nos observations n'ont jamais cessé de confirmer par la suite, et rata l'occasion de prédire l'expansion de l'Univers.

La constante cosmologique

Peu après la publication de la relativité générale en 1915, Einstein appliqua sa théorie à l'ensemble de l'Univers afin d'en découvrir les incidences en cosmologie. Il se heurta bientôt à un problème. Ses équations semblaient indiquer que l'Univers n'est pas statique : soit il se contracte, soit il prend de l'expansion. À l'époque, les **observations astronomiques** semblaient indiquer que l'Univers était statique : c'est pourquoi Einstein ajouta à sa théorie un élément, la **constante cosmologique**, pour annuler les effets de la gravitation sur de longues distances et faire en sorte que l'Univers se tienne tranquille. Quand les astronomes découvrirent dans les années 1920 que l'Univers est **en expansion**, Einstein, dévasté, déclara que la constante cosmologique était « **la plus grande bêtise** » de sa carrière. Cette « erreur » bénéficie pourtant de nos jours d'un important regain d'intérêt.

Sujets connexes

voir aussi

LES TROUS NOIRS
page 92

LA COSMOLOGIE MODERNE
page 138

Le Big Bang

La théorie du Big Bang fut proposée en 1927 par le physicien belge **Georges Lemaître** à partir de calculs fondés sur la relativité générale. Einstein s'y opposait parce que l'Univers aurait été contraint de naître dans une singularité où les forces gravitationnelles sont infinies, comme au centre des trous noirs. Pour Einstein, ces entités étaient « aphysiques », elles ne correspondaient à aucune réalité. On découvrit plus tard que le **problème des singularités** peut être évité, mais pour ce faire, il faut avoir recours à cette autre bête noire d'Einstein en physique moderne : la théorie quantique.

« Celui qui ne s'est jamais trompé n'a jamais tenté d'innover. »

Chronologie

1901
Einstein publie son tout premier article scientifique. Il traite de la montée des liquides dans les tubes étroits, un phénomène appelé «capillarité».

1905
L'année miraculeuse, au cours de laquelle Einstein publie quatre articles scientifiques, tous révolutionnaires. Deux d'entre eux présentent la théorie de la relativité restreinte.

1915
Il faut encore 10 ans à Einstein pour généraliser la relativité afin d'inclure la gravitation et l'accélération. Mais il y parvient et publie la «théorie de la relativité générale».

1917
Einstein ajoute la «constante cosmologique» aux équations de la relativité générale afin d'empêcher l'expansion de l'Univers. Cette expansion est découverte 12 ans plus tard.

1917
Appliquant les principes de la relativité générale à l'Univers, Einstein avance l'idée que l'espace à grande échelle puisse avoir la forme d'une sphère.

1919
Lors d'une éclipse, l'astronome anglais Sir Arthur Eddington effectue des observations qui passeront à la postérité, attestant la validité de la relativité générale. Einstein devient célèbre du jour au lendemain.

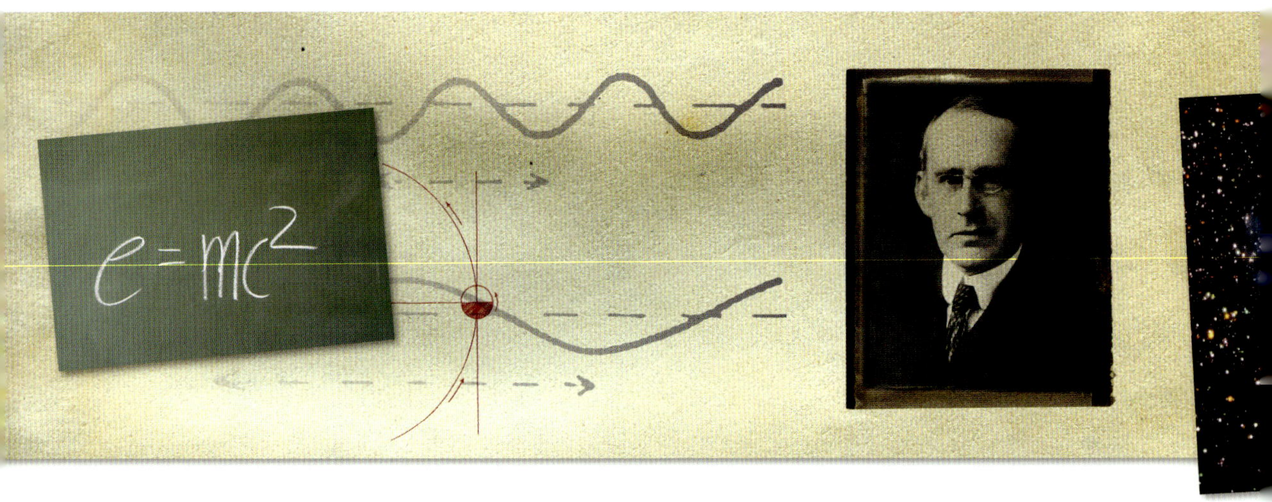

1922

Dans son discours devant le comité Nobel (pour le prix de physique de 1921), Einstein annonce son intention d'établir une théorie qui unira la gravitation et l'électromagnétisme.

1924

Le physicien indien Satyendra Nath Bose formule une théorie de la lumière. Einstein l'adapte et parvient à d'étonnantes prédictions concernant les propriétés extensives de la matière.

1926

Dans une lettre au physicien allemand Max Born, Einstein livre sa célèbre formule : « Dieu ne joue pas aux dés », exprimant son scepticisme face à l'incertitude de la physique quantique.

1930

Einstein reçoit un brevet américain pour un nouveau type de réfrigérateur qui ne nécessite aucune électricité. Mais il est vite supplanté par les réfrigérateurs modernes, plus efficaces.

1935

Einstein et Nathan Rosen avancent la possibilité de voyager à travers certains types de trous noirs, plus tard baptisés « trous de ver ».

1935

L'idée que des paires de particules quantiques puissent demeurer liées est ridiculisée par Einstein, Nathan Rosen et Boris Podolsky. Elle s'avéra cependant juste, conduisant à l'intrication quantique, un élément central de la théorie quantique moderne.

Glossaire

Atome Composante de base des éléments chimiques qui existent dans la nature.

Constante cosmologique Nombre ajouté aux équations de la relativité générale afin d'éviter la conclusion que l'Univers est en expansion.

Contraction de longueur Phénomène de la relativité restreinte voulant qu'un observateur stationnaire perçoive un rétrécissement des objets en mouvement.

Déviation de la lumière Déviation de la lumière des étoiles autour du Soleil, prédite par la relativité générale et confirmée en 1919.

Dilatation du temps Une horloge en mouvement avance plus lentement qu'une horloge stationnaire, selon la relativité restreinte.

Effet Lense-Thirring La relativité générale d'Einstein prédit que les objets de très forte masse qui sont en rotation entraînent l'espace et le temps avec eux comme une cuiller dans un pot de mélasse.

Effet photoélectrique Description théorique d'Einstein expliquant qu'un métal produit un courant électrique lorsqu'il est exposé à la lumière.

Horizon des événements Surface externe d'un trou noir.

Incertitude quantique Principe de la théorie quantique affirmant qu'il est impossible de tout savoir au sujet d'une particule subatomique au même moment.

Lentille gravitationnelle Phénomène de déviation de la lumière sous l'effet gravitationnel d'objets de masse très élevée, et dont l'action grossissante est comparable à celle d'une lentille.

Molécule Unité de base des composés chimiques, faite d'atomes liés ensemble.

Mouvement brownien Mouvement d'agitation de certaines particules, comme les grains de poussière en suspension dans l'air, expliqué par Einstein en 1905.

Ondes gravitationnelles Ondulations de l'espace générées par des champs gravitationnels en mutation, comme le champ gravitationnel d'une explosion de supernova. Elles demeurent l'une des dernières prédictions non vérifiées de la relativité générale.

Photons Particules fondamentales de la lumière.

Précession du périhélie Le point le plus proche du Soleil sur l'orbite de Mercure, le périhélie, se déplace avec le temps. La relativité générale prédit correctement ce phénomène et son ampleur.

Relativité générale L'œuvre maîtresse d'Einstein, qui lie la force de gravitation aux déformations de l'espace-temps.

Relativité restreinte Théorie d'Einstein liée au mouvement relatif des objets se déplaçant à des vitesses proches de celle de la lumière.

Scalaire Quantité mathématique dont la grandeur est exprimée par un seul nombre. La masse d'un objet en est un exemple.

Simultanéité Principe suivant lequel deux événements simultanés pour un observateur ne sont pas simultanés pour un observateur qui se déplace différemment.

Spin quantique Propriété des particules subatomiques prédite en appliquant la relativité restreinte à la théorie quantique.

Tenseur Quantité mathématique exprimée par une matrice de nombres, utilisée pour changer la valeur des vecteurs et des scalaires dans les théories physiques.

Théorie des champs unifiés Théorie qui unit la gravitation et l'électromagnétisme en un ensemble d'équations mathématiques. Einstein passa la seconde moitié de sa vie à la recherche d'une telle théorie.

Théorie quantique La physique de l'infiniment petit, où l'énergie est « quantifiée », divisée en paquets individuels.

Trou noir Objet de densité extrême qui emprisonne la lumière dans son champ gravitationnel.

Variables cachées Ancienne interprétation de la théorie quantique dans laquelle le hasard quantique est une illusion, générée par un ensemble de variables qui obéissent à des lois déterministes mais qui sont cachées.

Vecteur Quantité mathématique qui possède une grandeur et une direction, comme la vitesse et la direction de l'eau coulant dans un ruisseau.

United States 8c
EINSTEIN

Chapitre 3

Son influence

L'électronique

Le GPS

Remerciez Albert Einstein pour votre GPS. Le Global Positioning System (GPS) fonctionne à l'aide d'une constellation de **satellites** en orbite autour de la Terre. Chaque satellite émet un signal d'heure au milliardième de seconde près. Un récepteur GPS au sol reçoit les **signaux horaires** de plusieurs satellites et les compare avec sa propre horloge interne afin de calculer la distance de chaque satellite. Puisque la position orbitale des satellites est bien connue, il devient possible de connaître la position du récepteur GPS à la **surface de la Terre**. Toutefois, les satellites se déplacent, et leurs horloges ralentissent en raison du phénomène relativiste de dilatation du temps. Étant donné que l'horloge du récepteur GPS se trouve plus près de la source gravitationnelle terrestre que les horloges des satellites, elle avance plus lentement, comme la relativité générale l'indique. La théorie d'Einstein permet de tenir compte de ces deux phénomènes.

En 3 secondes

La théorie de la relativité générale a permis l'invention du GPS. Ironie du sort : Einstein n'avait aucun sens de l'orientation.

Les semi-conducteurs

Les semi-conducteurs sont des matériaux à travers lesquels la circulation du courant électrique peut être réglée avec précision. Ils sont au cœur des **circuits intégrés** modernes qui se retrouvent dans votre ordinateur ou votre lecteur MP3. Il en existe deux variétés différentes : ceux de type N (où le courant électrique est porté par des électrons chargés négativement) et ceux de type P (où le courant électrique est porté par des « trous » chargés positivement dans un océan d'électrons). Le mouvement de ces porteurs de charge à travers un matériau semi-conducteur est décrit par la **relation d'Einstein**, développée par Einstein au cours de ses recherches sur le **mouvement brownien**.

Sujets connexes

voir aussi

LA RELATIVITÉ RESTREINTE
page 76

LES CONSÉQUENCES DE LA RELATIVITÉ GÉNÉRALE
page 86

La spintronique

Les ordinateurs enregistrent l'information en emmagasinant des charges électriques dans des circuits intégrés faits de semi-conducteurs. L'information est enregistrée sous **forme binaire** « une charge représente 1 et une absence de charge 0. Mais dans les années 1980, les physiciens trouvèrent un **autre moyen** d'emmagasiner l'information, en utilisant une propriété des particules subatomiques, le « spin quantique », qui découle directement de la relativité restreinte d'Einstein. Le spin quantique connaît deux états différents, *up* et *down*, et il est possible de s'en servir pour emmagasiner l'information plus efficacement qu'en utilisant la charge électrique. Cette **technologie** s'appelle la spintronique.

« Je veux rentrer chez moi et j'ai oublié où se trouve ma maison. »

APPEL TÉLÉPHONIQUE D'EINSTEIN À UNE SECRÉTAIRE DE PRINCETON

Satellite
GPS

L'énergie

Les panneaux solaires

Quand Einstein découvrit pourquoi les métaux exposés à la **lumière solaire** produisaient un courant électrique, il ouvrit la voie à la révolution de l'énergie solaire. Les **panneaux solaires** fonctionnent grâce à un phénomène similaire, l'effet photovoltaïque. Lorsqu'un photon touche une jonction de semi-conducteurs N et P, non seulement il éjecte un électron, comme dans l'effet photoélectrique, mais il laisse, à l'endroit où l'électron se trouvait, un trou chargé positivement. L'électron est attiré vers le matériau de type P chargé positivement, alors que le trou est attiré vers le matériau de type N. Puisqu'une charge positive circulant dans un sens équivaut à une charge négative circulant en sens inverse, les deux phénomènes se renforcent mutuellement pour créer un **courant électrique**.

En 3 secondes

Les scientifiques prévoient un épuisement du pétrole et du charbon. Toutefois, les découvertes d'Einstein ont mis d'autres sources d'énergie à notre disposition.

L'énergie nucléaire

Environ 14 % des besoins mondiaux en énergie sont comblés en exploitant l'énergie emprisonnée au cœur de l'atome. Celui-ci est composé d'un nuage d'électrons entourant un noyau central. Dans les années 1930, des physiciens parvinrent à faire éclater le **noyau atomique** en deux. Ils remarquèrent un fait étrange : la masse combinée des deux moitiés était inférieure à la masse du noyau d'origine. Où était passée la masse manquante ? La réponse est venue d'Einstein et de son équation $E=mc^2$, qui nous dit que la masse et l'énergie sont équivalentes. Ainsi, le minuscule déficit de masse obtenu est transformé en énergie : il s'agit du principe de la **fission nucléaire**, le procédé utilisé de nos jours dans les **centrales nucléaires**.

Sujets connexes

voir aussi
L'ÉLECTROMAGNÉTISME
page 72
L'ÉLECTRONIQUE
page 112

L'antimatière

Une des sources d'énergie de l'avenir pourrait bien être l'antimatière. Elle est semblable à la matière, mais certaines de ses propriétés, comme la charge électrique, sont inversées. Ainsi, pour l'électron de charge négative, il existe une **antiparticule** (le positron) semblable à l'électron, mais de charge positive. Lorsqu'une particule de matière rencontre son antiparticule, la masse des deux est entièrement transformée en énergie. L'antimatière fut prédite en appliquant les lois de la relativité d'Einstein à la théorie quantique, lorsque le physicien anglais Paul Dirac formula une équation relativiste pour le mouvement des électrons en 1928. Bien qu'elle soit **coûteuse** à fabriquer, l'antimatière pourrait, selon certains scientifiques, être récoltée dans l'espace, attirée par les puissants champs magnétiques de planètes comme **Jupiter**. De l'antimatière est déjà utilisée dans des scanneurs médicaux (tomographie par émission de positrons, ou PET scan).

« On peut transformer de très faibles masses en une énorme quantité d'énergie. »

Fission nucléaire
Neutron incident
Explosion
Neutrons
Plateforme pétrolière
Panneaux solaires

Les lasers

La fibre optique

Les lasers sont une composante essentielle de la communication par fibre optique. Un fil ordinaire transmet de l'information par les vibrations d'un courant électrique. La fibre optique utilise un **laser** afin d'encoder les signaux en une série de battements lumineux très rapides qui sont envoyés dans une mince fibre de plastique ou de verre. Cette façon de faire permet de transmettre l'information à des vitesses incroyables – jusqu'à 100 milliards de chiffres binaires (ou « bits ») par seconde. La vitesse est ainsi multipliée des milliers de fois par rapport aux traditionnels fils de cuivre. En outre, la **fibre optique** n'est pas sujette aux interférences électromagnétiques ou aux pertes résistives, tandis qu'un signal électrique diminue en puissance à mesure qu'il chauffe le métal qu'il traverse. Il se peut que la fibre optique trouve un jour d'autres usages, relayant l'information à travers des calculateurs ultra-rapides appelés **ordinateurs quantiques**.

Les disques optiques

Sans les lasers, il n'y aurait ni CD ni DVD. Ces disques, capables d'enregistrer de l'**information**, sont un exemple de stockage optique. Il faut pour cela graver à la surface d'un **disque réfléchissant** de minuscules cavités, séparées par des plateaux surélevés, et c'est l'espacement entre chaque cavité et plateau qui encode les données en une série de 1 et de 0. La lecture se fait par pointage d'un laser sur le disque en rotation. Quand il touche une cavité ou un plateau, il est réfléchi vers un capteur lumineux, ce qui correspond à un bit de valeur 0. Mais chaque fois que le laser passe d'une cavité à un plateau ou vice-versa, la réflexion du rayon **n'atteint pas le capteur lumineux** pendant un court instant, ce qui se traduit par la valeur binaire 1.

La fusion nucléaire

Les centrales nucléaires modernes fonctionnent grâce au principe de la fission nucléaire : **faire éclater des atomes lourds** afin de libérer de l'énergie. Mais il existe une autre forme d'énergie nucléaire, la fusion, où l'énergie est plutôt générée en fusionnant des atomes légers, tel l'hydrogène. Puisque l'**hydrogène** est très répandu sur terre (c'est une composante de l'eau) et que la fusion est plus sûre que la fission, on la considère comme une source d'énergie prometteuse. Il est toutefois difficile d'obtenir les températures élevées nécessaires pour lancer le processus. Une solution qui fait actuellement l'objet de recherches consiste à se servir de puissants rayons laser afin de chauffer et de comprimer des pastilles de **combustible à fusion**.

En 3 secondes

Les recherches d'Einstein portant sur les émissions lumineuses des atomes conduisent le physicien américain Charles Townes à l'invention du laser.

Sujets connexes

voir aussi

LA NATURE DE LA LUMIÈRE
page 68

L'ÉNERGIE
page 114

L'INTRICATION QUANTIQUE
page 122

« Je viens d'avoir une brillante idée au sujet du rayonnement, de son absorption et de son émission, une idée qui t'intéressera. »

LETTRE À SON AMI MICHELE BESSO

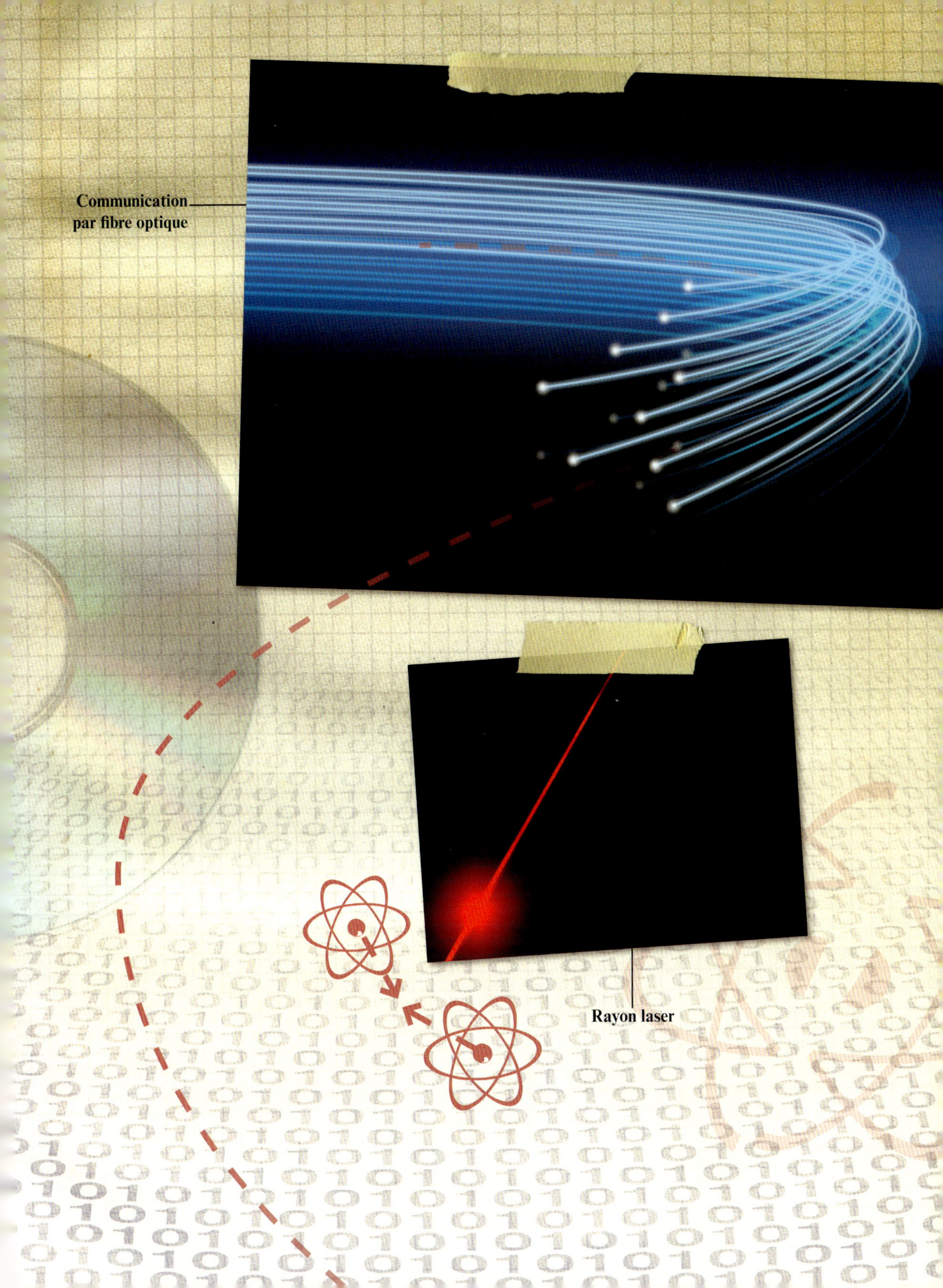
Communication par fibre optique
Rayon laser

Les tentatives d'unification

La théorie électrofaible

Il existe dans la nature quatre forces fondamentales : la gravitation, l'électromagnétisme, et les forces nucléaires forte et faible présentes dans le noyau atomique. En 1968, les physiciens **Steven Weinberg, Abdus Salam** et **Sheldon Glashow** parvinrent à unifier deux d'entre elles : l'électromagnétisme et la force nucléaire faible. D'après leur modèle, appelé théorie électrofaible, l'électromagnétisme et la force faible sont simplement deux aspects différents des mêmes phénomènes physiques. Des expériences menées au sein d'accélérateurs de particules reproduisirent les prédictions de la théorie, ce qui valut à Weinberg, Salam et Glashow le **prix Nobel** de physique de 1979. Pourtant, un élément de la théorie manque toujours à l'appel : le fameux **boson de Higgs**, que les accélérateurs modernes cherchent encore aujourd'hui.

La supersymétrie

Les particules subatomiques se divisent en deux grandes familles : les fermions et les bosons. Leur classement est déterminé selon la valeur d'une propriété quantique appelée **spin**, définie par un nombre entier pour les bosons et par une fraction pour les fermions. La notion de supersymétrie veut que chaque boson ait pour contrepartie un fermion équivalent et vice-versa. Si la théorie est exacte, tous ces **superpartenaires** auraient existé au commencement de l'Univers, jusqu'à ce que des événements viennent briser la symétrie pour ne laisser que le nombre limité de particules observées aujourd'hui. La supersymétrie plaît aux physiciens, car elle élimine certains **bogues mathématiques** des théories unifiées.

La théorie des cordes

La théorie des cordes – une des théories unifiées proposées en physique des **particules**, sans elle-même avoir recours aux particules – suppose plutôt de minuscules « cordes » d'énergie en vibration. Elle fut formulée dans les années 1960 afin d'éliminer les « divergences », ces **infinités impossibles** auxquelles renvoyaient les autres modèles unifiés pour certaines quantités physiques (telle la masse des particules). Des physiciens attribuèrent ces divergences à la modélisation des particules comme des objets de taille zéro, alors qu'en réalité elles devaient avoir une certaine étendue. Tout comme le modèle de Kaluza-Klein avant elle, la théorie des cordes nécessite des dimensions supplémentaires : six, pour un total de dix dimensions dans notre Univers. Des versions de la **théorie des cordes** incluent également la supersymétrie, d'où l'apparition de « supercordes ».

En 3 secondes

Einstein échoua dans sa tentative de formulation d'une description unifiée des forces de la nature. De nos jours, les physiciens essaient encore.

Sujets connexes

voir aussi
LES CONSÉQUENCES DE LA RELATIVITÉ RESTREINTE **page 78**
LA THÉORIE DES CHAMPS UNIFIÉS **page 100**
LES ACCÉLÉRATEURS DE PARTICULES **page 120**

« On peut transformer de très faibles masses en une énorme quantité d'énergie. »

Les accélérateurs de particules

En quête d'une théorie unifiée

Malgré les efforts des scientifiques pour établir un modèle qui réunirait les quatre forces de la nature, rien ne laisse supposer que la physique soit véritablement unifiée. Pour mieux comprendre le fonctionnement du monde subatomique, les physiciens se servent d'accélérateurs de particules, ces machines munies de **puissants aimants** qui propulsent des particules électriquement chargées à des vitesses approchant celle de la lumière et qui les font entrer en **collision**. Ils étudient ensuite les fragments.

En 3 secondes

La relativité restreinte est la physique du mouvement rapide. Et rien sur terre ne se déplace plus vite que les particules propulsées dans les accélérateurs.

Le Grand Collisionneur de hadrons

L'accélérateur de particules le plus puissant du monde, le Grand Collisionneur de hadrons (**LHC**), se trouve au laboratoire du CERN à la frontière franco-suisse. Cet accélérateur prend la forme d'un immense anneau souterrain faisant **27 kilomètres** de circonférence autour duquel les particules circulent, prenant de la vitesse. À vitesse maximale, les particules traversent le circuit 11 000 fois par seconde (seulement 3 m/s sous la vitesse de la lumière). Le nombre de particules qui y circulent à tout moment est infime, assez petit pour ne pas dépasser la taille d'un grain de sable ; pourtant, à cette vitesse, l'énergie qu'elles renferment équivaut à la **force explosive** de 180 kilos de TNT. Le LHC est à la recherche des particules prédites par la supersymétrie, des dimensions supplémentaires essentielles aux modèles unifiés comme la théorie des cordes, et du boson de Higgs.

Sujets connexes

voir aussi
LA THÉORIE DES CHAMPS UNIFIÉS
page 100
LES TENTATIVES D'UNIFICATION
page 118

Le boson de Higgs

L'un des objectifs du LHC est de trouver le boson de Higgs, l'élément manquant de la théorie électrofaible. Cette particule fut prédite vers 1960 par le physicien anglais **Peter Higgs**. Selon lui, elle est omniprésente dans l'espace et ce sont les interactions avec ce champ de particules qui font en sorte que tout le reste de la matière dans l'Univers a une **masse**. Dans la théorie électrofaible, ce mécanisme sert à expliquer pourquoi les particules du champ électromagnétique (les photons) sont sans masse, alors que celles de l'interaction faible (appelées W et Z) sont parmi les plus lourdes. Il est toutefois difficile de prouver l'existence du boson de Higgs en raison de sa masse élevée (au moins une fois et demie celle d'une particule W). Comme Einstein le démontra, masse et énergie sont équivalentes : pour créer une particule de très grande masse, il faut donc un accélérateur de particules de très haute énergie. C'est ici que le LHC entre en jeu.

« Observez attentivement la nature et tout deviendra plus clair à vos yeux. »

Simulation de la désintégration du boson de Higgs

Grand Collisionneur de hadrons

L'intrication quantique

Le cryptage des données

Einstein fut le premier à évoquer l'intrication quantique, pour en souligner l'absurdité apparente. On sait désormais que rien n'est plus vrai. Deux particules quantiques en état intriqué restent **liées**, peu importe la distance qui les sépare : emmenez-les aux deux extrémités du cosmos, agitez l'une d'elles et l'autre s'agite à son tour. En 1984, des chercheurs d'IBM mirent ce phénomène à profit pour un **système de communication quantique** résistant à tout espionnage. Avec l'incertitude quantique, un espion qui tente d'intercepter un message envoyé sur un canal intriqué entraîne une modification du message, trahissant sa présence. Si le message renferme une **clé de chiffrement secrète** qui doit servir à encoder de futurs messages, la communication quantique permet de s'assurer que cette clé ne sera vue que par ceux à qui elle est destinée ; si un espion est détecté, la clé est annulée et une nouvelle clé est envoyée.

En 3 secondes

Sceptique à l'égard de la théorie quantique, Einstein ne se doutait pas qu'elle serait en mesure de produire des codes indéchiffrables, des téléporteurs et des ordinateurs hyperpuissants.

La téléportation

En 1997, des physiciens de l'**Université d'Innsbruck**, en Autriche, se servirent de l'intrication quantique pour téléporter une particule subatomique à travers leur laboratoire. Longtemps on crut que l'incertitude quantique, qui empêche de connaître l'état exact d'une particule subatomique, rendait la téléportation impossible. Mais l'intrication permet de transmettre une information sans mesure préalable. Prenez deux particules en état intriqué, A et B, et éloignez-les. Une troisième particule, C, interagissant avec A, transfère de l'information à A qui, par intrication, la **téléporte** à B. Une quatrième particule, D, interagissant avec B, peut alors prendre un état identique à celui de C. Ce processus fut vérifié sur une distance allant jusqu'à **16 kilomètres**.

Sujets connexes

voir aussi
LE MONDE QUANTIQUE
page 96

Les ordinateurs quantiques

C'est par téléportation que voyagera l'information à l'intérieur des ordinateurs quantiques. Ces machines, actuellement au **stade expérimental**, peuvent stocker et manipuler des données à l'aide de processus quantiques. Alors qu'un ordinateur classique traite l'information par bits (des chiffres binaires qui valent 1 ou 0), un ordinateur quantique utilise les « qubits » (qui peuvent valoir 1 et 0 en même temps), car les systèmes quantiques peuvent avoir deux états simultanés. Un octet quantique, constitué de huit qubits, peut adopter **256 états différents** en même temps, et tous peuvent être traités en une seule opération quantique.

« La physique devrait représenter une réalité dans le temps et l'espace, exempte de toute action fantôme à distance. »

Les paradoxes de la relativité

Le paradoxe des jumelles

Imaginez deux jumelles sur terre. Si l'une d'entre elles monte dans un **vaisseau spatial** et vole durant plusieurs années à une vitesse proche de celle de la lumière, à son retour elle constatera qu'elle a **moins vieilli** que sa jumelle restée à la maison – en raison de la dilatation du temps en relativité restreinte. Mais le principe de relativité d'Einstein nous dit que tous les référentiels sont équivalents. Ainsi, il semble tout à fait possible d'envisager le problème du point de vue de la jumelle astronaute. Pour elle, c'est sa sœur et la Terre qui semblent s'éloigner à toute vitesse. Dans ce cas, pourquoi ne serait-ce pas la jumelle terrestre qui reviendrait **plus jeune** ?

Le paradoxe de la grange

Imaginez un sauteur à la perche capable de courir presque aussi vite que la **lumière**. Pour un observateur stationnaire, la perche du sauteur semble raccourcir en raison de la contraction de longueur. Imaginez alors que le sauteur passe à travers une grange **ouverte aux deux extrémités**. L'observateur remarque que, même si la perche est normalement plus longue que la grange, la contraction fait en sorte qu'elle a désormais la **même longueur** – de sorte qu'on pourrait fermer les portes aux deux extrémités pendant une fraction de seconde. Mais dans le référentiel du sauteur, la perche n'a pas raccourci et sa longueur excède toujours celle de la grange : comment pourrait-on alors fermer les portes ?

Des paradoxes qui n'en sont pas

La résolution du paradoxe des jumelles tient au fait que la relativité restreinte n'exige pas l'équivalence des référentiels qui sont en accélération. Et le **vaisseau spatial** doit accélérer puis s'arrêter, puis accélérer encore pour le voyage de retour et s'arrêter de nouveau. Cela entraîne une **asymétrie** qui signifie que les deux référentiels (la Terre et le vaisseau spatial) ne sont pas équivalents. Mais c'est toujours la jumelle astronaute qui revient plus jeune que l'autre ! Le paradoxe de la grange ne tient plus si l'on se rappelle qu'en relativité, les événements simultanés pour un observateur ne le sont pas nécessairement pour un autre. Alors que l'observateur stationnaire voit les deux portes se fermer au même moment, le sauteur à la perche voit la porte devant lui se fermer et s'ouvrir à nouveau avant que le devant de la perche ne l'atteigne, tandis que la porte derrière lui ne se ferme qu'au moment où la perche est passée. Ainsi, il n'y a **aucun paradoxe**.

En 3 secondes

Si on laisse le bon sens nous guider, plusieurs conclusions de la relativité peuvent sembler paradoxales au premier abord. La solution est simple : il suffit de se défaire de son bon sens.

Sujets connexes

voir aussi

LES FONDEMENTS DE LA RELATIVITÉ RESTREINTE
page 74

LA RELATIVITÉ RESTREINTE
page 76

« Une idée nouvelle surgit soudainement de manière plutôt intuitive. Mais l'intuition n'est rien d'autre que le résultat d'expériences intellectuelles antérieures. »

La relativité est-elle fausse ?

Les théories scalaire-tenseur

En 1961, les physiciens américains **Robert Dicke** et **Carl Brans** proposèrent de compléter le champ tensoriel de la relativité générale (décrit par une matrice de nombres pour chaque point de l'espace) par un champ scalaire, nouvelle composante de la gravitation décrite par un seul nombre supplémentaire pour chaque point. L'**épreuve expérimentale** a désormais invalidé la théorie de Brans-Dicke ; cette dernière a cependant donné lieu à une avalanche de modèles similaires appelés **théories scalaire-tenseur**. Leur raison d'être se justifie par la présence de champs scalaires dans de nombreuses tentatives visant à unifier les forces de la nature.

En 3 secondes

La plupart des scientifiques s'accordent pour dire que la relativité générale, même si elle a passé tous les tests expérimentaux imaginables, doit en dernière analyse être erronée.

La TeVeS

Il existe un autre type de champ à mi-chemin entre les scalaires et les tenseurs : le champ « vectoriel ». Celui-ci est décrit par une série de nombres pour chaque point de l'espace, à raison d'un nombre par dimension. Par exemple, la vitesse d'un **liquide qui s'écoule** est un champ vectoriel : trois nombres, pour chaque point du liquide, donnent sa vitesse et sa direction dans chacune des trois dimensions spatiales. En 2004, le physicien **Jacob Bekenstein** ajouta une composante vectorielle à la gravitation pour aboutir à une théorie dite **tenseur-vecteur-scalaire**, ou « TeVeS ». Bekenstein soutient que sa théorie élimine le besoin de recourir à la « matière sombre » dans l'Univers – une matière invisible et hypothétique qui meuble l'espace, observée uniquement à travers son influence gravitationnelle sur les objets brillants. Il ajoute que la TeVeS a passé d'autres tests expérimentaux. Cette théorie se heurte toutefois au **scepticisme** de nombre de physiciens.

Sujets connexes

voir aussi

LA RELATIVITÉ GÉNÉRALE
page 82

LES TENTATIVES D'UNIFICATION
page 118

La gravitation quantique

La plupart des physiciens reconnaissent que la relativité générale ne saurait constituer le modèle **définitif** de la gravitation. C'est parce qu'elle ne tient aucunement compte de la théorie quantique, cette branche de la physique qui régit le monde infinitésimal. La relativité générale décrit correctement l'Univers actuel mais pas passé. Les astronomes savent que l'**espace est en expansion**. Si l'on remonte suffisamment loin (à environ 13,7 milliards d'années, selon les meilleures estimations), il fut un temps où l'Univers n'avait que la taille d'un atome : il devait alors obéir aux lois quantiques. Il faut donc une théorie de la « gravitation quantique » pour décrire ce Big Bang où l'espace et le temps ont vu le jour.

« Aucune expérience quelle qu'elle soit ne prouvera jamais que j'ai raison ; une seule expérience peut prouver que j'ai tort. »

Big Bang

Calcul de théorie quantique

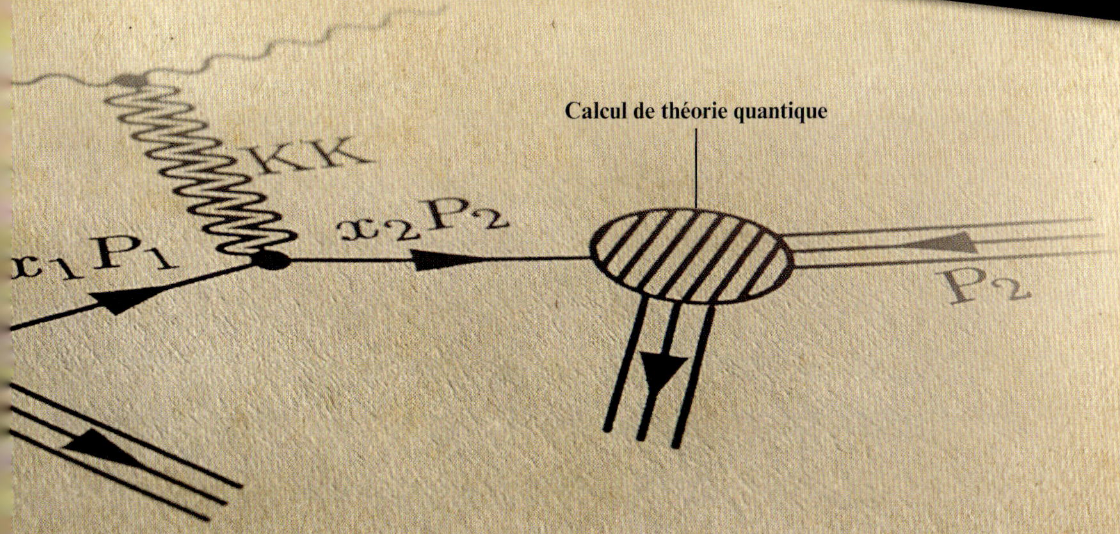

Plus vite que la lumière

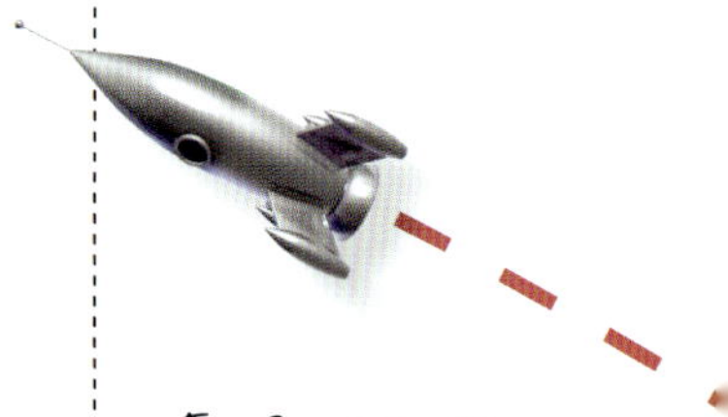

Les tachyons

La relativité restreinte nous dit que rien ne peut voyager plus vite qu'un **rayon lumineux**. Vraiment ? En fait, elle nous dit que rien ne peut franchir la barrière que constitue la vitesse de la lumière, soit par le dessous, soit par le dessus. Et parce que tout ce qui nous entoure se déplace **moins vite** que la lumière, nous interprétons cette barrière comme un maximum. Mais cela signifie aussi que les objets qui naissent avec un mouvement plus rapide que la lumière ne peuvent jamais aller en deçà de cette limite. Les physiciens ont proposé l'existence d'une **particule subatomique** ayant justement cette propriété, baptisée tachyon. Puisque les tachyons voyagent plus vite que la lumière, il serait impossible de les voir arriver, mais ils laisseraient deux images sur leur passage : une approchant et une s'éloignant. Les tentatives d'observation expérimentale n'ont toutefois rien donné.

En 3 secondes

La limite de vitesse universelle, instaurée par Einstein dans sa relativité restreinte, s'éloigne tranquillement dans le rétroviseur, en partie grâce à Einstein lui-même.

Le *warp drive*

En 1994, le physicien mexicain **Miguel Alcubierre** a su prouver mathématiquement que, si rien ne peut franchir la barrière de la lumière dans l'espace plat de la relativité restreinte, ce n'est pas le cas de l'espace-temps courbé de la relativité générale, où tout est à peu près envisageable. Il découvrit notamment comment **plier et étirer** l'espace autour d'un voyageur de manière à ce qu'il se contracte rapidement devant lui tout en se dilatant derrière lui au même rythme, emportant le voyageur vers sa destination avec une rapidité singulière. En relativité générale, l'espace se courbe en fonction de la matière qu'il contient. Mais cette distorsion (ou « *warp drive* ») d'Alcubierre requiert des quantités gigantesques de « matière exotique », dont on n'a réussi à fabriquer que de **minuscules quantités**.

Sujets connexes

voir aussi

LES CONSÉQUENCES DE LA RELATIVITÉ RESTREINTE
page 78

LES TROUS NOIRS
page 92

Le transport par trou de ver

Une autre façon d'aller plus vite que la lumière est de se jeter dans un trou de ver. Il s'agit d'un **tunnel dans l'espace** et le temps, évoqué par Einstein au cours des années 1930. En principe, deux régions **très éloignées** de l'Univers peuvent être reliées par un trou de ver relativement court, qui agit alors comme un raccourci entre eux. Si le trou de ver est assez court, un vaisseau spatial qui l'emprunte arrivera à destination **plus vite qu'un rayon de lumière** voyageant dans l'espace ordinaire. Comme pour le *warp drive*, cependant, des calculs montrent que les trous de ver nécessiteraient d'importantes quantités de matière exotique pour fonctionner.

« On sait tous que la lumière voyage plus vite que le son. C'est pourquoi certains ont l'air brillants jusqu'à ce qu'ils parlent. »

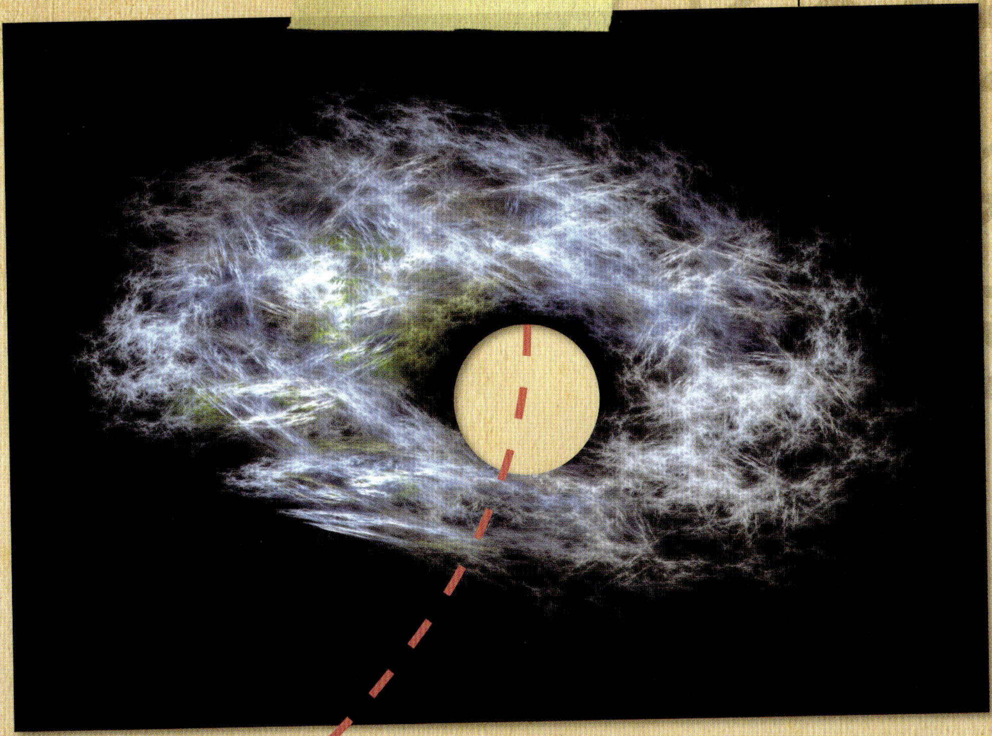

Trou de ver

Le voyage dans le temps

Vers le futur

Au-delà du cliché de la **science-fiction**, il est établi que l'on peut voyager vers le futur. Nous progressons tous vers l'**avenir** au rythme d'une minute par minute, et la relativité restreinte nous a montré comment accélérer le processus. La dilatation du temps fait en sorte que, si l'on voyage très vite, le temps ralentit pour nous par rapport à un observateur stationnaire, disons un habitant de la Terre. Admettons que vous partez dans un vaisseau à 90 % de la vitesse de la lumière. Pour chaque minute à votre horloge, deux minutes s'écoulent sur une horloge **terrestre** : en d'autres termes, vous voyagez vers le futur de la Terre au rythme de deux minutes pour une minute de votre temps.

En 3 secondes

Les théories d'Einstein ouvrent la voie au voyage ultra-rapide à travers le vide de l'espace et nous ramènent également vers le passé.

Vers le passé

Le problème du voyage dans le futur est le retour à son époque. Personne ne sait trop comment revenir dans le passé, ni même si c'est **possible**. Certains physiciens vont jusqu'à espérer que ce soit impossible, afin d'éviter des situations paradoxales où vous pourriez revenir en arrière et vous rencontrer vous-même, **un peu plus jeune**. D'autres accueillent l'idée avec enthousiasme et ont imaginé toutes sortes de procédés théoriques qui mettent à profit la relativité générale et sa capacité à courber l'espace, notamment les univers en rotation, les trous de ver, des croisements de lignes d'énergie appelées **cordes cosmiques**, et même un plan pour construire une machine à voyager dans le temps à l'aide de faisceaux lumineux tourbillonnants.

Sujets connexes

voir aussi

LA RELATIVITÉ RESTREINTE
page 76

LE VOYAGE DANS LE TEMPS EST-IL POSSIBLE ?
page 132

Plus vite que le temps

Pour théoriser des machines à voyager dans le temps, les physiciens utilisent une propriété mathématique de la relativité qui fait en sorte que tout procédé visant à dépasser la vitesse de la lumière peut devenir une machine à voyager dans le temps si on l'**observe** à partir d'un référentiel en mouvement. Partons du principe de « simultanéité » en relativité, voulant que deux événements qui paraissent simultanés du point de vue d'un observateur se produisent à différents moments pour un observateur qui se déplace autrement. Admettons qu'il vous est possible de voyager instantanément entre deux points de l'espace de façon à ce que votre départ et votre arrivée soient **simultanés** : votre vitesse est plus importante que celle de la lumière. Ainsi, pour un observateur qui se déplace assez rapidement, la simultanéité fait en sorte qu'il vous voit arriver avant de vous voir partir. Donc, pour lui, vous voyagez **dans le passé**.

« Ceux qui, comme nous, croient en la physique, savent que la distinction entre passé, présent et futur n'est qu'une illusion persistante et entêtée. »

Le voyage dans le temps est-il possible ?

Paradoxes du voyage dans le temps

Le problème du voyage dans le temps est la possibilité qu'il induit de retourner dans le passé et de **changer l'histoire**. Dans les cas extrêmes, votre existence pourrait même être remise en question, comme dans le film *Retour vers le futur*, où le héros, Marty McFly, remonte en 1955 et, sans le vouloir, empêche la rencontre de ses parents… ce qui veut dire qu'il n'existerait pas. Un autre **paradoxe du voyage dans le temps** serait d'imaginer que le vieux **William Shakespeare** décide, au faîte de sa gloire, de remonter le temps et d'offrir tous ses chefs-d'œuvre au jeune Shakespeare, qui s'empresse de les publier. Peut-on, dans ce cas, déterminer la véritable inspiration de ses pièces ?

En 3 secondes

Alors que la relativité générale fait miroiter la possibilité du voyage dans le temps, les physiciens sont divisés quant aux réelles chances de voir exister un jour des machines le permettant.

Des solutions modernes

Les physiciens ont découvert plusieurs façons de contourner ces paradoxes. La première reprend une idée de la théorie quantique : notre Univers ferait partie d'un **multivers** tentaculaire composé d'univers parallèles. Ainsi, quiconque décide de remonter le temps voyage en fait dans le passé d'un de ces **univers parallèles**, sans modifier l'histoire de l'univers d'où il provient. Une autre idée parle de « cohérence interne ». Chaque fois qu'un paradoxe du voyage dans le temps se présente, la nature trouverait une suite des événements qui permettrait de respecter sa cohérence interne. Même si cela peut paraître assez arbitraire, les scientifiques ont découvert des éléments en faveur de la cohérence interne dans des calculs fondés sur le « principe de moindre action », une notion-clé au cœur de la **physique théorique**.

Sujets connexes

voir aussi

LA RELATIVITÉ EST-ELLE FAUSSE ?
page 126
LE VOYAGE DANS LE TEMPS
page 130

La conjecture de protection chronologique

Stephen Hawking, de l'Université de Cambridge en Angleterre, est convaincu que le voyage dans le temps ne peut exister. Il a inventé un principe scientifique – la **conjecture de protection chronologique** – qui « assurera l'intégrité du monde pour les historiens ». On n'a encore rien trouvé dans le monde physique qui puisse soutenir cette conjecture. Néanmoins, Hawking croit que toute machine à voyager dans le temps, durant sa création, amplifierait les minuscules fluctuations quantiques d'énergie que l'on retrouve partout dans l'espace, jusqu'à ce qu'elles deviennent **infiniment grandes**, ce qui entraînerait la destruction de la machine avant que le voyage puisse être tenté. Mais cette conjecture, avant d'être confirmée ou réfutée, devra attendre une véritable théorie de la gravitation quantique.

« Je ne pense jamais à l'avenir. Il arrive assez vite. »

Le jeune William Shakespeare

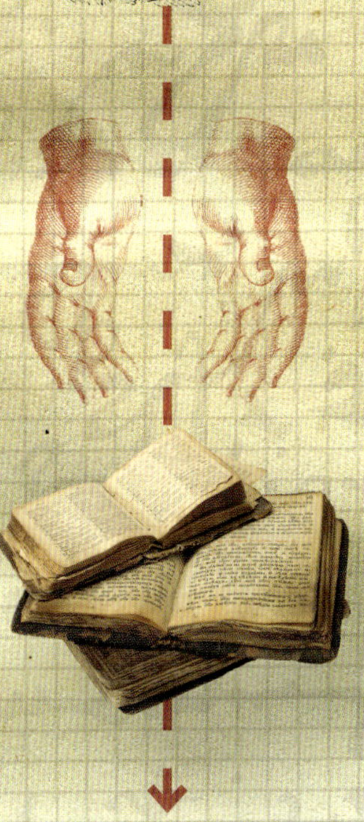

Le vieux William Shakespeare

Interprétation visuelle du « multivers » et de ses univers parallèles

De nouveaux trous noirs

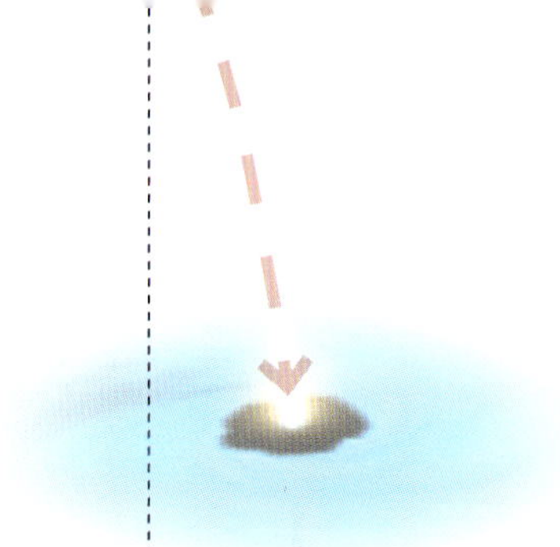

Charge et rotation

Le physicien allemand **Karl Schwarzschild** produisit la première description mathématique du trou noir en 1917. Mais les physiciens comprirent bientôt que d'autres variétés, plus complexes, existent aussi. Hans Reissner et Gunnar Nordström modifièrent la solution de Schwarzschild afin de décrire un **trou noir** chargé électriquement. Leurs trous noirs sont particulièrement enclins à former des trous de ver. En 1963, le mathématicien Roy Kerr résolut l'équation d'Einstein pour un trou noir **en rotation**. Si la solution de Reissner-Nordström se limitait à la correction de celle de Schwarzschild, celle de Kerr était beaucoup plus complexe. Deux ans plus tard, le physicien américain Ted Newman généralisa les deux solutions pour décrire un trou noir en rotation chargé électriquement.

Le processus de Penrose

En 1969, le mathématicien **Roger Penrose**, de l'Université d'Oxford, comprit que les trous noirs en rotation traînent l'espace et le temps avec eux. Il s'agit d'un exemple de l'**effet Lense-Thirring**. Dans les conditions extrêmes qui existent autour d'un trou noir, cet effet est décuplé, à tel point, montra Penrose, qu'il est possible de s'accrocher à l'espace tourbillonnant près du trou noir et d'en extraire de l'énergie. Il imagina même une **civilisation extraterrestre** avancée capable de s'établir près d'un de ces trous noirs et d'en faire sa principale source d'énergie.

Le rayonnement de Hawking

Si Penrose dit vrai, les trous noirs en rotation ne sont plus de simples entonnoirs qui aspirent continuellement la matière et l'énergie de l'Univers : ils peuvent aussi en recracher. En 1974, un autre travail de recherche montra que c'était peut-être le cas de tous les trous noirs. Stephen Hawking se servit de la théorie quantique afin de démontrer que les trous noirs doivent en fait émettre un flux constant de particules et de **rayonnement**. L'idée de Hawking provient de l'**incertitude quantique**, selon laquelle des paires de « particules virtuelles » peuvent apparaître et disparaître sur de très courts intervalles de temps. Certaines de ces particules entrent dans l'horizon des événements du trou noir et sont aspirées, et leurs partenaires ont juste assez d'énergie pour y échapper. Ces dernières constituent le rayonnement de Hawking. Le rayonnement émis est plus élevé dans le cas des petits trous noirs, et peut entraîner l'**évaporation** totale des plus insignifiants d'entre eux.

En 3 secondes

Les années 1960-1975 deviennent l'« âge d'or de la relativité générale », en partie grâce à une profusion de découvertes théoriques sur la nature des trous noirs.

Sujets connexes

voir aussi

LES CONSÉQUENCES DE LA RELATIVITÉ GÉNÉRALE
page 86

LES TROUS NOIRS
page 92

LE MONDE QUANTIQUE
page 96

« La plus belle chose qu'on puisse vivre, c'est le mystère. »

Roger Penrose

Trou noir

L'astrophysique

Les étoiles à neutrons

Les trous noirs naîtraient de la mort des étoiles géantes, dans une explosion appelée **supernova**. Les physiciens croient que les forces inimaginables qui existent au centre de l'étoile pendant l'explosion compriment son noyau, l'amenant à une densité si élevée qu'il se transforme en trou noir. C'est parce qu'il n'existe dans la nature aucune force assez puissante pour empêcher l'effondrement du noyau. Mais lorsque la masse de l'étoile mourante ne dépasse pas environ 10 fois celle du Soleil, la force de l'**implosion** est moindre, et les forces quantiques entre les neutrons stabilisent le noyau, ce qui donne lieu à la formation d'une **étoile à neutrons**. Ce type d'objet, incroyablement dense, peut renfermer la masse du Soleil dans un rayon de seulement 10 kilomètres.

En 3 secondes

La relativité d'Einstein permet aux astronomes d'embrasser les mystères de l'espace interstellaire, nous renseignant sur la mort des étoiles et sur l'existence de planètes invisibles.

Les microlentilles

En 1936, Einstein introduisit la notion de **lentille gravitationnelle** : la déviation de la lumière de galaxies lointaines par des galaxies ou des amas situés à mi-chemin. Mais le phénomène se produit également à des échelles beaucoup plus restreintes ; par exemple, lorsque la **lumière d'une étoile** est affectée par la gravité d'une planète qui passe devant elle. Voilà ce qu'on appelle une **microlentille**. C'est d'ailleurs l'une des méthodes employées pour détecter des objets sombres qui n'émettent pas leur propre lumière. Lorsqu'une planète passe devant une étoile, elle fait converger la lumière de l'étoile, qui devient plus brillante pendant un instant. Cet effet de microlentille fut observé pour la première fois par les astronomes en 1993. La même technique est dorénavant utilisée pour détecter les **planètes extrasolaires** et les étoiles ratées (appelées naines brunes).

Sujets connexes

voir aussi

LA RELATIVITÉ RESTREINTE
page 76

LES PROLONGEMENTS DE LA RELATIVITÉ GÉNÉRALE
page 90

LES TROUS NOIRS
page 92

L'astronomie des rayons cosmiques

Les rayons cosmiques ne sont pas des « rayons » à proprement parler mais des **particules subatomiques** ultra-rapides venues de l'espace qui s'écrasent dans l'atmosphère terrestre et qui transportent énormément d'énergie. Ces rayons sont étudiés grâce à des détecteurs de particules installés au sol, qui détectent non pas les rayons cosmiques eux-mêmes mais les débris résultant de leur collision avec les atomes de gaz de l'atmosphère, qui descendent jusqu'à nous en cascades appelées **gerbes atmosphériques**. Ces détecteurs n'existeraient pas sans la relativité. En effet, sans la dilatation du temps, la plupart des fragments se désintégreraient bien avant d'arriver au sol.

« On ne connaît pas encore un millième de un pour cent de ce que la nature recèle. »

Étoile à neutrons

La cosmologie moderne

L'énergie sombre

Au cours des années 1920, fut découverte l'expansion de l'Univers. La plupart des astronomes croyaient à son ralentissement graduel en raison de l'attraction gravitationnelle de la matière de l'Univers. Dans les années 1990, toutefois, des **observations astronomiques** montrèrent que les galaxies lointaines ne s'éloignent pas de nous aussi rapidement que celles situées plus près de la Terre. Parce que la lumière voyage à une vitesse finie, les galaxies éloignées donnent à voir l'image qu'elles avaient dans un Univers plus jeune, et ces observations nous indiquent que l'expansion de l'Univers **s'accélère**. Les astronomes postulèrent un champ d'énergie invisible répandu dans tout l'espace, appelé « énergie sombre », afin d'expliquer cette expansion. Mathématiquement, il semble identique à la constante cosmologique introduite par Einstein, puis rejetée comme « la plus grande erreur de sa vie ». L'énergie sombre constituerait **74 %** de la masse-énergie totale de l'Univers.

En 3 secondes

Les réflexions d'Einstein sur l'Univers ouvrent de nouveaux horizons : il se peut que l'Univers soit en expansion rapide et que le cosmos ait la forme d'un anneau.

L'inflation

La constante cosmologique avait déjà été ressuscitée quelques années auparavant. Au cours des années 1970, les cosmologistes remarquèrent que plusieurs des problèmes posés par la **théorie du Big Bang** de l'Univers seraient résolus si l'espace avait connu une phase d'**expansion ultra-rapide**, quelques fractions de seconde après la création : l'« inflation ». Si celle-ci a vraiment marqué notre Univers, elle s'est terminée seulement 10^{-32} seconde après le Big Bang.

Sujets connexes

voir aussi

LA COSMOLOGIE
page 98

LE BÊTISIER D'EINSTEIN
page 104

La topologie cosmique

Einstein fut le premier à examiner la possibilité que nous habitions un **univers sphérique** – que son espace soit courbé en une sphère géante par les effets déformants de la relativité générale. Depuis, les cosmologues se sont rendu compte que la forme globale du cosmos accepte différentes hypothèses. L'espace et le temps peuvent être arrondis comme un anneau, tordus comme un **ruban de Möbius** ou entortillés de manière encore plus complexe. L'étude mathématique de ces formes s'appelle la « topologie ». Les modèles théoriques de l'Univers qui présentent ce type de boucle – où l'on sort d'un côté pour réapparaître de l'autre – sont appelés univers multiconnexes. En 2003, des astronomes de l'Observatoire de Paris-Meudon établirent que notre Univers pourrait être multiconnexe, semblable à une forme à 12 faces appelée dodécaèdre ; l'idée est que, si vous en sortez par une face, vous réapparaissez par la face opposée.

« Nous sommes devant un univers merveilleusement orchestré qui obéit à certaines lois, mais nous ne les comprenons que très peu. »

Le Big Bang

Ruban de Möbius

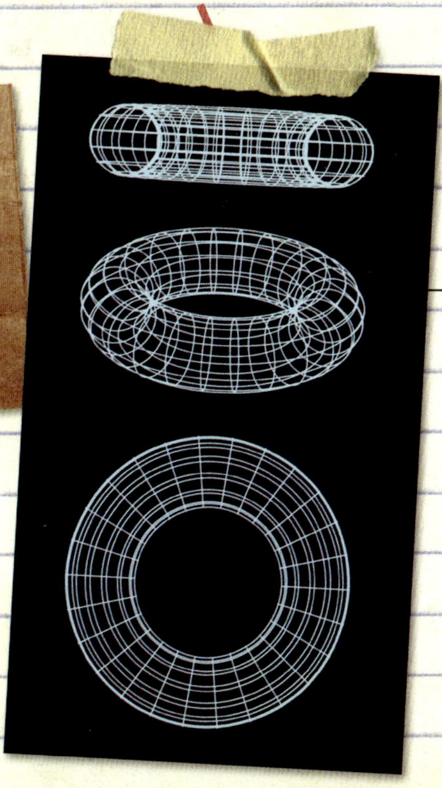

Formes possibles du cosmos

Les découvertes éponymes

L'astéroïde Einstein

Einstein fournit une contribution inestimable à notre compréhension de l'Univers. En son honneur, un astéroïde reçut son nom. L'**astéroïde 2001 Einstein** fut découvert en 1973 par l'astronome suisse Paul Wild. Il orbite dans la ceinture principale, entre Mars et Jupiter, et fait partie du groupe **Hungaria**, situé sur le rebord interne de la ceinture, dont la révolution autour du Soleil dure environ 2,5 ans. L'écrivain de science-fiction et futurologue Sir Arthur C. Clarke, auteur de *2001: l'Odyssée de l'espace,* dit un jour ironiquement que l'astéroïde 2001 devrait porter son nom. Einstein le devança. Mais en 1981, l'**astéroïde 4923** reçut le nom de « Clarke » en l'honneur de Sir Arthur.

En 3 secondes

Un astéroïde, un élément radioactif et un quasar extrêmement lointain portent aujourd'hui le nom d'Einstein.

L'einsteinium

L'élément chimique qui devint plus tard l'einsteinium fut observé pour la première fois en 1952. Le hasard fait bien les choses, car il le fut dans les débris de l'explosion qui résulta du premier test de la **bombe H**. L'einsteinium est un élément hautement radioactif (et hautement toxique). Il compte 99 protons dans son noyau, et 153 neutrons dans sa forme la plus stable, ce qui en fait un élément **extrêmement lourd** – plus lourd que l'uranium utilisé dans les centrales nucléaires. Étant donné sa nocivité, c'est sans doute une bonne chose que l'einsteinium **n'existe pas dans la nature**. Il doit être fabriqué dans des réacteurs nucléaires (ou par des explosions) en bombardant des échantillons de plutonium avec des neutrons. L'élément n'a aucune utilité pratique et est seulement étudié à des fins scientifiques.

Sujets connexes

voir aussi

LES PROLONGEMENTS DE LA RELATIVITÉ GÉNÉRALE
page 90

L'ÉNERGIE
page 114

La Croix d'Einstein

L'hommage le plus approprié est sans doute ce quasar de la constellation de Pégase qui fut baptisé la **Croix d'Einstein**. Les quasars sont des galaxies intensément brillantes situées aux confins de l'Univers observable – la Croix d'Einstein se trouve à quelque **8 milliards d'années-lumière** de la Terre (le quasar le plus éloigné jamais observé se situe à 12,7 milliards d'années-lumière). La Croix d'Einstein est remarquable parce qu'elle constitue un exemple de lentille gravitationnelle – notion établie par Einstein lui-même. Quatre images du quasar sont visibles en raison d'une galaxie située entre le quasar et la Terre, appelée **Lentille de Huchra**.

« Il est étrange d'être mondialement connu et de se sentir aussi seul. »

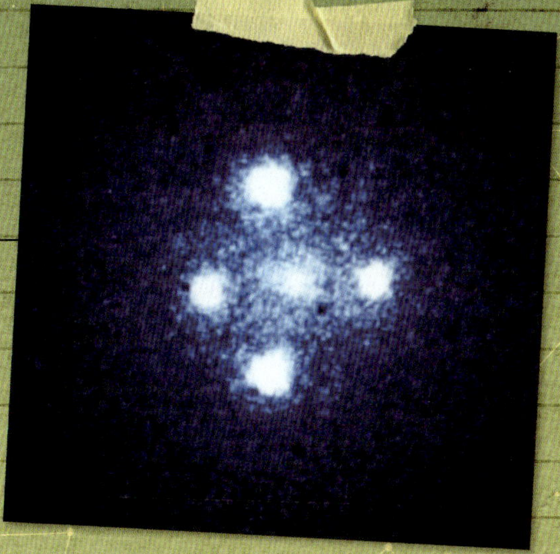

La Croix d'Einstein

L'einsteinium produit par une bombe H

Les héritiers d'Einstein

Richard Feynman

Le physicien Richard Feynman collabora activement au **projet Manhattan** de développement de l'arme nucléaire américaine. Sa plus grande contribution à la physique, vers la fin des années 1940, fut de compléter le travail de Paul Dirac en proposant une théorie quantique des interactions entre les champs électromagnétiques et les particules chargées: l'électrodynamique quantique, ou QED. Comme Einstein, Feynman était un **esprit original**, connu pour ses excentricités. Tous deux aimaient à résoudre des problèmes de physique à l'aide de représentations visuelles: Einstein et ses expériences de pensée, Feynman et le **système de diagrammes** qu'il inventa pour les calculs quantiques.

Stephen Hawking

Le physicien anglais Stephen Hawking représente le **successeur d'Einstein** dans l'esprit populaire: c'est un génie, spécialisé en gravitation et en cosmologie, les domaines de prédilection d'Einstein. Dans les années 1970, Hawking découvrit que les trous noirs pouvaient émettre des particules quantiques. Son **aversion** pour la notion de voyage dans le temps rappelle celle d'Einstein pour la théorie quantique. Il s'est penché sur le Big Bang et a soutenu que l'infinité de l'Univers peut se traduire non seulement dans l'espace mais aussi dans le temps: c'est l'hypothèse de l'**univers sans frontière**. Il a en outre tenté d'unifier gravitation et cosmologie.

Edward Witten

Peu connu du grand public, mais considéré par bon nombre de ses pairs comme le plus grand physicien à l'œuvre de nos jours, l'Américain Edward Witten a joué un rôle essentiel dans la théorie des cordes et dans la théorie M, dans laquelle les cordes unidimensionnelles sont remplacées par des « membranes » à dimensions supplémentaires, théorie qu'il formula en 1995. Il s'intéresse particulièrement aux modèles d'unification et à la recherche d'une théorie de la gravitation quantique. Witten a remporté la médaille Fields pour ses découvertes mathématiques en 1990, la **National Medal of Science** aux États-Unis en 2002, la médaille Isaac-Newton en 2010, et bien d'autres récompenses; on s'entend pour dire que le prix Nobel, dans son cas, n'est qu'une question de temps. Quoi de plus remarquable quand on sait que Witten commença sur le tard, travaillant d'abord comme journaliste avant de se réorienter vers la physique.

En 3 secondes

De grands physiciens ont succédé à Einstein. Mais y en a-t-il un parmi eux qui, par son génie scientifique, puisse être considéré comme son digne héritier ?

Sujets connexes

voir aussi

LES TENTATIVES D'UNIFICATION
page 118
LA RELATIVITÉ EST-ELLE FAUSSE ?
page 126
DE NOUVEAUX TROUS NOIRS
page 134

« La plupart des gens disent qu'il faut de l'intelligence pour être un bon scientifique. Ils ont tort: il faut du caractère. »

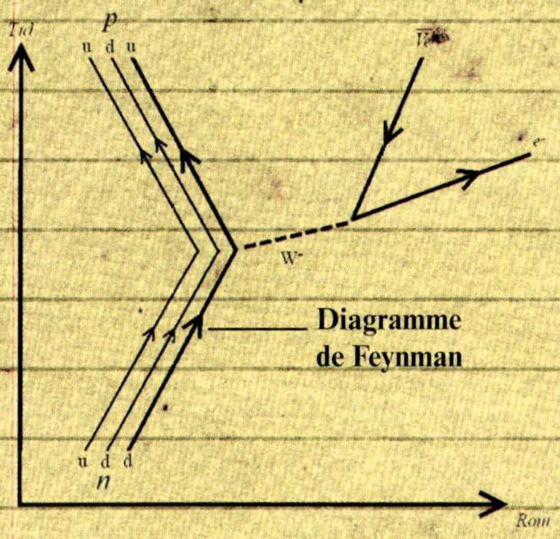

Diagramme de Feynman

Richard Feynman

Stephen Hawking

Edward Witten

La culture populaire

Célébrités scientifiques

Le vif succès remporté par la relativité générale et par les conférences d'Einstein aux États-Unis donna naissance à un **nouveau phénomène**: les célébrités scientifiques. Depuis Einstein, de nombreux hommes de science – dont Michio Kaku, Richard Feynman et Richard Dawkins – tentent d'expliquer leurs découvertes au grand public à travers des livres et des articles de vulgarisation. Certains, comme Stephen Hawking ou David Attenborough, ont **acquis une renommée** digne des stars du cinéma. La science fait désormais l'objet d'ambitieuses productions télévisuelles, telles que la remarquable série *Cosmos* de Carl Sagan ou l'époustouflante *Planète Terre* de la BBC. Dans le domaine du livre, les best-sellers se multiplient et accumulent les prix Pulitzer.

Cinéma et télévision

La vie d'Einstein fit l'objet de nombreux documentaires et adaptations à l'écran – notamment le film ***Einstein et Eddington***, qui raconte la naissance de la relativité générale et les observations d'Eddington qui l'ont confirmée. Il a cependant été critiqué par des historiens de la science en raison des libertés prises avec les faits réels. Des interprétations évidemment fantaisistes se retrouvent dans les comédies ***L'amour en équation*** et ***Einstein junior***. Dans *Star Trek: la nouvelle génération*, Data, un androïde membre de l'équipage de l'*Enterprise*, crée une reproduction holographique d'Einstein, de Newton et de Stephen Hawking (qui joue son propre rôle) afin de les voir s'affronter dans une partie de poker.

Musique

L'influence d'Einstein s'étend même à la musique, son image et son œuvre ayant inspiré plusieurs chansons. Citons entre autres **« Einstein A Go-Go »** (*hit* de 1981 du groupe anglais Landscape), « $E=mc^2$ » (de Big Audio Dynamite, numéro 11 au palmarès britannique en 1986) et « Quark, Strangeness and Charm » (la chanson-titre d'un album du groupe anglais Hawkwind datant de 1977). Par ailleurs, l'opéra abstrait créé par Philip Glass en 1976, ***Einstein on the Beach***, est inspiré de la vie du physicien. Einstein figure d'ailleurs parmi les personnages influents qui ornent la légendaire pochette de ***Sgt. Pepper's Lonely Hearts Club Band*** des Beatles, même si l'épaule de John Lennon dissimule presque totalement son visage.

En 3 secondes

Einstein a marqué de son empreinte la science, la politique, les droits de l'homme et (aussi étonnant que cela puisse paraître) la culture populaire et les arts du spectacle.

Sujets connexes

voir aussi

CÉLÈBRE MALGRÉ LUI
page 38
LES HÉRITIERS D'EINSTEIN
page 142

« Il devrait être possible d'expliquer les lois de la physique à un garçon de café. »

L'imaginaire populaire

Synonyme de génie

Le mot « Einstein » est devenu synonyme de génie. Le *Oxford English Thesaurus* en fait même mention. Son allure débraillée, ses cheveux en bataille et ses grimaces occasionnelles ont fait d'Einstein la figure emblématique du professeur **farfelu et brillant**. Le cinéma en particulier a su reprendre à son compte cette image du savant fou au charme indéniable, au travers, par exemple, des personnages du «Doc» Emmett Brown de *Retour vers le futur* ou du docteur Walbec Bunsen dans *Les Muppets*.

En 3 secondes
Einstein, sa vie et ses théories sont indissociables de la mouvance sociale mondiale. En outre, sa célébrité engendra de nombreux potins.

Le relativisme

Les théories révolutionnaires d'Einstein coïncidèrent avec l'avènement d'une doctrine qui prit le nom de « relativisme » – une **révolution philosophique** qui rejetait l'existence de vérités absolues. Le parallèle est frappant puisque, jusqu'à cette époque, les lois de Newton concernant la gravitation et le mouvement, préceptes où l'absolu régnait en maître, dominaient la recherche ; de même, le monde semblait régi par des règles sociales tout aussi **inflexibles**. Puis, au tournant du XXe siècle, surgirent la Première Guerre mondiale, les révolutions russes et les mouvements syndicaux: ce fut une période de grands bouleversements qui transformèrent l'ordre social. À cette mutation correspondirent aussi le début d'une ère scientifique (avec la relativité, certes, mais aussi la théorie quantique et la psychologie freudienne) et un renouveau artistique, littéraire et musical. En ce sens, Einstein fut véritablement un **produit de son époque**.

Sujets connexes
voir aussi
À L'ÉCOLE POLYTECHNIQUE DE ZURICH
page 28
UN ESPRIT HORS DU COMMUN
page 44

Mythes déboulonnés

La vie privée d'Einstein fit souvent l'objet de rumeurs ; nombre d'entre elles étaient infondées. L'une des plus répandues prétend qu'Einstein aurait **échoué en mathématiques** à l'école. S'il est exact que ses notes à l'École polytechnique de Zurich laissaient quelque peu à désirer, ses résultats en maths à l'école secondaire furent toujours excellents. On raconte également qu'une grande partie des travaux sur la relativité restreinte aurait été l'œuvre de sa première femme, **Mileva Maric**. Rien n'est plus faux. C'était une physicienne et une mathématicienne compétente, et elle vérifia souvent les calculs d'Einstein ; mais pour les historiens, la paternité de la relativité restreinte revient entièrement à son mari. Enfin, Einstein aurait entretenu une liaison avec **Marilyn Monroe**. Il eut une pléthore d'aventures extraconjugales, mais Marilyn ne fit pas partie de ses conquêtes.

« La chose la plus dure à comprendre en ce monde, c'est l'impôt sur le revenu. »

Albert Einstein, 1939

Marilyn Monroe

L'héritage culturel

Le prix Albert-Einstein pour la paix

Einstein milita activement pour la paix dans le monde, surtout vers la fin de sa vie, après le largage des deux premières bombes atomiques. En 1979, au **centenaire** de sa naissance, les fiduciaires de sa succession décidèrent de créer la Fondation du prix Albert-Einstein pour la paix. Sa première initiative fut de créer un prix de 50 000 $ afin d'honorer celui ou celle qui « a fourni la **plus grande contribution** à la paix mondiale, conformément à la **philosophie d'Einstein** ». Parmi ses lauréats, on compte l'ancien Premier ministre canadien Pierre Elliott Trudeau, pour ses efforts visant la réduction des armes nucléaires, et Willy Brandt, l'ex-chancelier d'Allemagne de l'Ouest qui engagea un rapprochement avec l'Est.

En 3 secondes

Avec des prix accordés en son honneur, sa correspondance publiée et un musée dans l'appartement où il écrivit $E=mc^2$ pour la première fois, Einstein reste présent.

L'Université hébraïque

Einstein fut membre du premier conseil d'administration de l'**Université hébraïque de Jérusalem**, fondée en 1925. À sa mort, Einstein légua à l'Université son **fonds documentaire**, ainsi que tous les futurs droits d'auteur associés à sa succession littéraire et à l'utilisation dans les publications de son image, gérée par l'agence de photos Corbis. L'Université hébraïque administre également les Archives Albert-Einstein, dépositaires de la correspondance d'Einstein et de plusieurs autres écrits, totalisant plus de **40 000 documents**. Une étroite collaboration avec l'Einstein Papers Project, basé en Californie, permit de rassembler les écrits d'Einstein et d'envisager leur publication en 25 volumes ; la Princeton University Press a déjà publié les dix premiers.

Sujets connexes

voir aussi
LE MILITANTISME
page 54
LES HÉRITIERS D'EINSTEIN
page 142

La médaille Albert-Einstein

La médaille **Albert-Einstein** est une récompense annuelle destinée aux physiciens qui ont contribué aux domaines étudiés par Einstein lui-même. Le premier scientifique à recevoir ce prix, en 1979, fut Stephen Hawking de l'Université de Cambridge. Edward Witten et John Archibald Wheeler, le mentor de Richard Feynman, figurent aussi parmi ses lauréats. Le prix est remis par la **Société Albert-Einstein** de Berne, là où Einstein vécut entre 1903 et 1905, au moment où il travaillait sur la théorie de la relativité restreinte. La société est également responsable de l'ancienne résidence d'Einstein à Berne (rue Kramgasse, au deuxième étage du numéro 49), restaurée dans sa décoration d'origine, à l'époque où Einstein et sa femme Mileva y habitaient. Les visites guidées de l'appartement sont extrêmement populaires : plus de 30 000 visiteurs en 2009.

« Seule une vie vécue pour les autres vaut la peine d'être vécue. »

La médaille
Albert-Einstein

L'Université hébraïque
de Jérusalem

Le nouvel ordre mondial

Les Nations Unies

Le parti pris d'Einstein en faveur de l'unification de la physique se reflète dans sa vision de la **paix dans le monde**, qui ne pouvait se réaliser, selon lui, qu'en rassemblant toutes les nations sous un seul étendard. Cela passait idéalement par l'instauration d'un **gouvernement mondial**, mais Einstein admettait lui-même que cette mesure était difficilement applicable. Il proposa donc l'établissement d'une « organisation supranationale » qui aurait une autorité sur les États nations, et un pouvoir militaire pour intervenir en cas de violation de la paix avant que le conflit ne s'envenime. L'**ONU**, formée en 1945 à la fin de la Seconde Guerre mondiale, répondait en partie à ce souhait, même si Einstein jugeait qu'elle n'avait ni le pouvoir ni l'indépendance nécessaires pour être vraiment efficace.

En 3 secondes

Einstein emploie ses dernières années à tenter d'unifier non seulement la physique mais aussi le monde. L'ONU, Internet et la liberté démocratique concrétisent d'une certaine manière son rêve.

La mondialisation

L'unité mondiale si chère à Einstein s'est concrétisée encore un peu plus avec le phénomène de globalisation engendré par l'arrivée d'**Internet**. Plus les individus interagissent en ligne pour acheter, dialoguer, lire, jouer, faire des affaires, plus les frontières qui séparent les États nations **s'amenuisent**. Dans le « village global » du cyberespace, habiter l'Alabama ou l'Azerbaïdjan ne fait plus aucune différence. Les effets de cette mutation sociétale sont manifestes : la culture, les grandes compagnies, les tendances et les idées deviennent non plus nationales mais mondiales.

Sujets connexes

voir aussi
LE MILITANTISME
page 54
LA THÉORIE DES CHAMPS UNIFIÉS
page 100

L'essor de la démocratie

Albert Einstein traversa certaines des périodes les plus noires de l'histoire récente : la Première Guerre mondiale, le nazisme et le début de la Guerre froide. L'inhumanité de l'homme face à l'homme, combinée au spectre menaçant de l'arme nucléaire, convainquit Einstein de consacrer la dernière décennie de sa vie à militer non seulement pour la paix mais aussi pour la **liberté d'expression** et les **libertés individuelles**. Et malgré la menace qui plane actuellement sur la paix mondiale en raison du terrorisme et des États voyous, il semble qu'une bonne partie du monde se soit assagie. En 1972, le monde ne comptait que 40 démocraties libres – environ 20 % du nombre de pays sur la planète. En 2007, ce chiffre s'élevait à 123, ce qui représente plus de **60 % des pays**.

« Le seul salut de la civilisation et de l'espèce humaine se trouve dans la création d'un gouvernement mondial. »

Einstein en visite dans une école secondaire de Philadelphie

L'Office des Nations Unies à Genève, en Suisse

Chronologie

1932
En appliquant la relativité à la théorie des particules subatomiques, le physicien Carl Anderson découvre la toute première particule d'antimatière.

1945
$E=mc^2$ devient une terrible réalité lorsque la première bombe atomique utilisée à des fins guerrières explose sur la ville japonaise d'Hiroshima.

1947
Le physicien William Shockley et ses collègues inventent le transistor, qui se retrouve désormais par millions dans les circuits intégrés modernes. Il fonctionne à l'aide de semi-conducteurs (auxquels Einstein apporta sa contribution théorique en 1905).

1956
Premier usage pacifique de l'énergie atomique dans la toute première centrale nucléaire du monde, à Calder Hall, en Angleterre.

1957
Le physicien américain Charles Hard Townes se sert du processus d'émission stimulée des atomes découvert par Einstein afin d'inventer le laser, aujourd'hui largement utilisé, que ce soit en télécommunications ou pour les lecteurs blu-ray.

1961
La première théorie scalaire-tenseur, qui modifie la relativité générale, est formulée par les physiciens américains Carl Brans et Robert Dicke.

1969

Le physicien théoricien italien Gabriele Veneziano propose la théorie des cordes. Les cordes représentent l'un des chemins les plus prometteurs pour concrétiser le rêve einsteinien d'une théorie des champs unifiés.

1974

Le professeur Stephen Hawking de l'Université de Cambridge découvre que « les trous noirs ne sont pas si noirs », utilisant la théorie quantique pour montrer qu'ils émettent un rayonnement.

1982

Une équipe française dirigée par le physicien Alain Aspect démontre que l'intrication quantique – une prédiction de la théorie quantique qu'Einstein trouvait absurde – existe réellement dans notre monde.

1986

Des chercheurs du California Institute of Technology dirigés par Kip Thorne démontrent que les trous de ver – une idée développée par Einstein et ses collègues – pourraient, en principe, nous permettre de voyager dans le passé.

1994

Miguel Alcubierre de l'Université du Pays de Galles, à Cardiff, développe un modèle théorique, appelé *warp drive*, qui permettrait à un vaisseau spatial d'excéder de beaucoup la vitesse de la lumière.

2008

Le Grand Collisionneur de hadrons (LHC), un accélérateur de particules situé à la frontière franco-suisse, est mis en fonction pour la première fois. Y a-t-il un moyen de savoir si les forces de la nature sont vraiment unifiées ? Si oui, ce ne peut être que grâce au LHC.

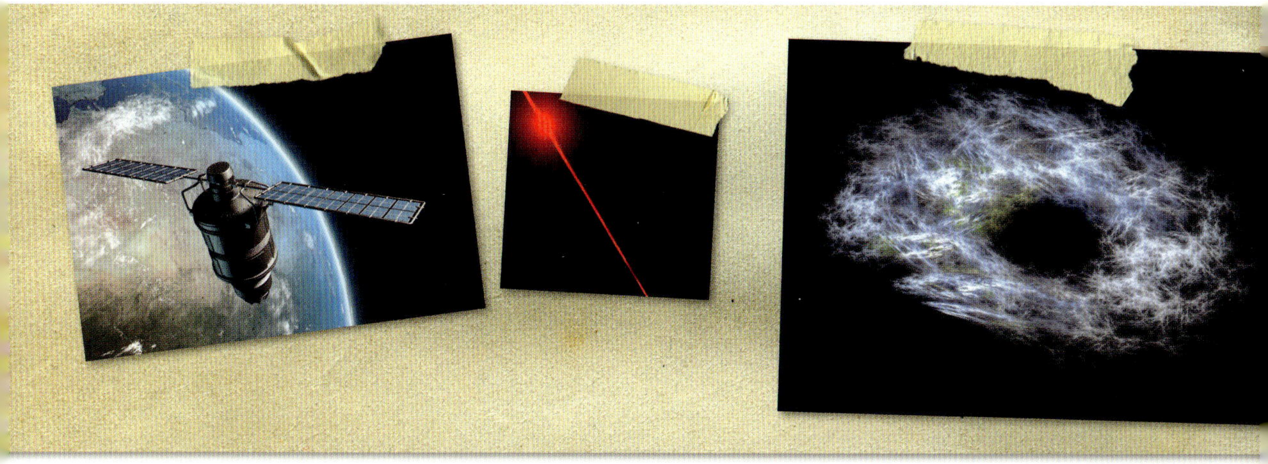

Glossaire

Année-lumière Distance que parcourt un rayon de lumière en une année (égale à 9,5 millions de millions de kilomètres).

Antimatière Particules subatomiques dont les propriétés sont opposées à celles de la matière normale. Quand matière et antimatière se rencontrent, elles se transforment en énergie.

Astéroïde Vestiges de la formation du système solaire qui prennent la forme de gros rochers en orbite autour du Soleil.

Big Bang Événement qui donna naissance à notre univers voilà 13,7 milliards d'années.

Bits « Chiffres binaires » porteurs d'information qui peuvent valoir 1 ou 0.

Boson Particule subatomique de spin quantique entier. Exemples : 0, 1, 2, 3, etc.

Décalage d'Einstein Selon la relativité générale, la lumière perd de l'énergie lorsqu'elle tente de sortir d'un champ gravitationnel, ce qui entraîne une baisse (ou un « décalage vers le rouge ») de sa fréquence.

Élément chimique Toute substance dont les composantes fondamentales sont les atomes. Les différents éléments se distinguent par le nombre de protons contenus dans leur noyau.

Émission stimulée Processus par lequel les atomes peuvent être amenés à émettre de la lumière à la fois cohérente et monochromatique. Cette théorie formulée par Einstein joue un rôle essentiel dans le fonctionnement des lasers.

Fermion Particule subatomique de spin quantique demi-entier. Exemples : 1/2, 3/2, 5/2, etc.

Fission nucléaire Fait de libérer de l'énergie en séparant le noyau d'un atome lourd.

Fusion nucléaire Fait de libérer de l'énergie en unissant deux noyaux d'atomes légers.

Gravitation quantique La relativité générale est une théorie de la gravitation qui décrit l'Univers. L'Univers tel que la théorie du Big Bang le conçoit aurait un jour eu la taille d'un atome. Ainsi, une théorie quantique de la gravitation est nécessaire afin de décrire cette phase de l'histoire cosmique. Mais les physiciens, jusqu'à présent, peinent à la trouver.

Intrication quantique Phénomène par lequel deux particules quantiques peuvent demeurer liées tout en étant très éloignées l'une de l'autre.

Laser Source de lumière à la fois monochromatique (une seule longueur d'onde) et cohérente (c'est-à-dire que ses ondes sont toutes synchronisées).

Modèle standard Paradigme actuel de la physique des particules et des forces fondamentales de la nature – et qui paraît incomplet parce qu'il n'inclut pas la gravitation.

Qubits « Chiffres binaires quantiques » porteurs d'information qui peuvent valoir 1 et 0 en même temps. On s'en sert dans les ordinateurs quantiques.

Paradoxe de la relativité Contradiction apparente dans les prédictions de la relativité d'Einstein. Ces paradoxes se manifestent surtout quand la théorie n'est pas appliquée scrupuleusement.

Rayon cosmique Particule subatomique de haute énergie venue de l'espace.

Supernova Explosion colossale qui marque la mort d'étoiles géantes dont la masse est maintes fois supérieure à celle du Soleil.

Supersymétrie Les particules subatomiques se divisent en deux grandes familles appelées fermions et bosons. La supersymétrie stipule que, pour chaque fermion, il existe un boson correspondant, et vice-versa.

Théorie des cordes Prolongement proposé du modèle standard de la physique des particules dans lequel les particules sont constituées d'infimes boucles en vibration.

Théorie électrofaible Théorie semi-unifiée de la physique des particules qui combine l'électromagnétisme et la force nucléaire faible – l'interaction responsable de la radioactivité à l'intérieur du noyau atomique.

Topologie Branche des mathématiques servant à décrire les relations entre différents points d'un espace ou d'une surface.

Trou de ver Tunnel de l'espace qui forme un raccourci entre deux régions éloignées de l'Univers.

Warp drive Méthode théorique qui permet de voyager plus vite que la lumière en étirant et en déformant l'espace.

Résumé en 3 minutes

Débuts

Albert Einstein naît le **14 mars 1879**, à Ulm, en Allemagne. Il met du temps à prononcer ses premiers mots, mais c'est un garçon éveillé, fasciné par les sciences : à l'âge de 10 ans, il lit tous les grands ouvrages de vulgarisation scientifique. En 1896, il entre à l'École polytechnique de Zurich. C'est un étudiant **brillant mais paresseux** : il se penche seulement sur les sujets qui l'intéressent. Puisqu'il ne parvient pas à décrocher un poste universitaire, il devient expert technique à l'Office des brevets suisses. En 1903, Einstein épouse Mileva Maric, qui lui donne trois enfants.

Grandes années

Einstein poursuit ses recherches scientifiques durant son temps libre. Ses efforts sont récompensés en 1905 lorsqu'il publie quatre articles scientifiques qui, tous, **révolutionnent la physique**. Le premier concerne l'effet photoélectrique, lié au fonctionnement des panneaux solaires. Un autre présente la relativité restreinte, une nouvelle théorie du mouvement pour les objets qui se déplacent à une vitesse proche de la lumière. Un autre encore examine un célèbre corollaire de la relativité : **$E=mc^2$**. Le dernier traite du mouvement brownien. Il faut encore trois ans à Einstein pour devenir maître de conférences à l'Université de Berne. Mais en 1914, il est sollicité par la prestigieuse Université de Berlin. L'année suivante, Einstein publie la **relativité générale**, longuement mûrie, où la gravitation est envisagée comme une courbure de l'espace-temps. Elle est confirmée par l'expérience en 1919. Mais tous ces efforts se font au détriment de sa vie personnelle : Mileva et lui se séparent en 1914 et divorcent cinq ans plus tard.

Maturité

Einstein épouse sa seconde femme, Elsa, en 1919. Le succès remporté par la relativité générale fait de lui une **célébrité**. Une série de conférences à guichets fermés est suivie du prix Nobel de 1921 et d'une kyrielle d'autres distinctions. Jusqu'à sa mort, il se consacre, en vain, à la recherche d'une théorie qui **unifierait gravitation et électromagnétisme**. Son jugement scientifique se fait plus conservateur, et il s'oppose aux bizarreries de la nouvelle théorie quantique. Dans les années 1930, ses origines juives l'obligent à **fuir l'Europe nazie**. Il s'établit à Princeton, où il poursuit ses recherches, et prend part au mouvement pacifiste, notamment au lendemain des bombardements atomiques de 1945. Albert Einstein meurt d'une rupture d'anévrisme de l'aorte le 18 avril 1955.

« Notre époque se distingue par de formidables avancées dans les domaines de la connaissance scientifique, et par les applications technologiques de cette connaissance. Qui ne s'en réjouirait pas ? Mais n'oublions pas que le savoir et les capacités humaines ne peuvent, à eux seuls, assurer le bonheur et la dignité de nos vies […] Ce que l'humanité doit à des personnages comme Bouddha, Moïse et Jésus me semble plus précieux que toutes les réalisations de l'esprit curieux et constructif. »

Albert Einstein, 1910

Albert Einstein, 1947

Ressources utiles

Livres

Comment je vois le monde
Albert Einstein
FLAMMARION, 200

L'Univers élégant
Brian Greene
GALLIMARD, 2005

Une brève histoire du temps
Stephen Hawking
FLAMMARION, 2008

Y a-t-il un grand architecte dans l'Univers ?
Stephen Hawking
ODILE JACOB, 2011

La physique de l'impossible
Michio Kaku
SEUIL, 2011

Une sacrée particule : Si l'Univers est la réponse, quelle est la question ?
Leon Lederman
ODILE JACOB, 1996

La gravité réinventée : Après Einstein, un physicien va plus loin
John W. Moffat
HURTUBISE, 2009

03 minutes pour comprendre les plus grandes théories scientifiques
Paul Parsons
LE COURRIER DU LIVRE, 2010

Sites Internet

Société Albert-Einstein
http://bit.ly/u71Xvd

Exposition sur Einstein
(American Institute of Physics)
www.aip.org/history/einstein

Archives Einstein en ligne
www.alberteinstein.info

Grand Collisionneur de hadrons
http://bit.ly/ikMjUm

Observatoire d'ondes gravitationnelles LISA
http://lisa.nasa.gov

Voyage à l'intérieur d'un trou noir
http://bit.ly/v5eo1s

Index

Remerciements

L'éditeur souhaiterait remercier les personnes et les organismes mentionnés ci-dessous qui ont autorisé la reproduction des images de ce livre. Nous n'avons ménagé aucun effort pour en référencer les crédits ; toute omission éventuelle est involontaire et, de ce fait, nous vous prions de bien vouloir nous en excuser. (t = haut ; b = bas ; l = gauche ; r = droite ; c = centre)

Alamy/The Print Collector: 149tl.

Corbis/Bettmann: 10b, 12t, 12l, 12r, 13t, 13b, 15t, 15b, 16t, 17tr, 83b, 105br, 145b, 147bl, 151c; Sergey Konenkov/Sygma: 14b; Underwood and Underwood: 16c; Ted Spiegel: 41; Mark Garlick/Science Photo Library: 83t; Profiles in History: 103t; EPA/Martial Trezzini: 121b; Sergey Konenkov/ Sygma: 147tr; Hulton-Deutsch Collection: 157tr.

Fotolia: 18, 23tr, 31, 35l, 41tc, 41tr, 43l, 58tc, 58tr, 59l, 62t, 64, 67t, 69t, 72, 73t, 79c, 101bc, 101t, 108, 110, 113tc, 115b, 115tr, 116, 117tr, 123b, 125b, 127t, 128, 129t, 131c, 138, 139br, 145t; Clearviewstock: 4; Andrzej Tokarsk: 25r; Karelin Dmitriy: 25t; Jürgen Priewe: 27tr; Stocksnapper: 27tl, 28t, 53b; Eti Ammos: 33bl; Daniels B Foto: 35bc; Uros Petrovic: 35br; Bernd Kröger: 37; Jeff Metzger: 45tr; Murat Baysan: 47t; James Steidl: 49c; **Odelia Cohen**: 49cl; JLV Image Works: 49bl; Valery Seleznev: 49br; Gino Santa Maria: 51l; Alex Kalmbach: 55b; Emir Simsek: 57tc; Ann Triling: 57tr; Flavia Morlachetti: 59tl; VIPDesign: 59tr, 63; Jeff Metzger: 67b; Yurok Aleksandrovich: 73r; Yury Shirokov: 73bl; Charles Aghoian: 75br; Georg Lehnerer: 77tr; Cycreation: 79t; Amorphis: 79b; NorthShoreSurfPhotos: 79br; Georgios Kollidas: 86; Ralf Kraft: 89cr; Petr Mašek: 89bl; Alexander Potapov: 100tr; Christian Bijani: 105t; Flavia Morlachetti: 109; Byron Moore: 113t; Vibe Images: 115cr; Vladislav Gajic: 117br; Darren Whittingham: 119t; Vincentmax: 119bl; James Steidl: 124t; Morten Kjerulff: 127b; Jaimie Duplass: 129b; Valery Seleznev: 133c; HP_Photo: 146; Kim D. French: 157tl.

Getty Images/Hulton Archive: 2, 21l; Jon Levy/AFP: 11tr; Don Emmert/AFP: 17l; Henny Ray Abrams/AFP: 31; Ralph Morse/Time Life Pictures: 59b; Science & Society Picture: 77c; SSPL: 121t, 143tr.

iStockphoto: 21, 125c, 139; Bryant Travels: 57br; Gustaf Brundin: 81tr; Georgios Kollidas: 81r; Charles Schug: 93bl; DNY59: 113c; Kirill Putchenko: 117c; Billy Hoiler: 131t; Grafissimo: 133t; Christian Miller: 139t; **Chris Lawrence**: 139bl; Joseph Luoman: 147tl.

Bibliothèque du Congrès/Département des estampes et de la photographie, Washington, D.C.: 3, 6, 10t, 11b, 14tl, 14tr, 21cr, 21tr, 23br, 27c, 27b, 29c, 33t, 37tl, 37t, 38, 39b, 41cl, 43t, 45c, 47c, 49cr, 51br, 51bl, 52, 55, 57tl, 57c, 62b, 67cl, 75tr, 81b, 85l, 89b, 99bl, 99cl, 101br, 103r, 108bl, 123c, 124b, 125c, 133bl, 149r, 149bc, 149b, 150, 151tl, 154, 157b; US National Archives: 51t; United States Department of Energy: 141b.

NASA: 87c, 89cl, 91t, 91bl, 93r, 93tl, 135t, 135b, 136, 137, 141tr.

Shutterstock: 140, 141tl; Irem: 3; Arkady Mazor: 43c, 43b; Irem: 85; Wolfgang Kloehr: 87b; Komissaroff: 87br; Michael Taylor: 89tl; Andrea Danti: 115l; Andrew Chin: 121c; R.T. Wohlstadter: 133r; David Fowler: 143bl; Brendan Dias: 151b.

Thinkstock/Brand X Pictures: 113br.

Topfoto: 35t; Ann Ronan Picture Library/HIP: 11tl; Jewish Chronicle Archive/HIP: 39t.